THE STUDY OF PREPARATION METHODS FOR COPPER BASED FILMS AS ABSORPTION LAYER IN SOLAR CELLS

太阳电池光吸收层铜基薄膜的制备技术研究

王延来 著

镇 江

图书在版编目(CIP)数据

太阳电池光吸收层铜基薄膜的制备技术研究 / 王延来著. — 镇江 ：江苏大学出版社，2019.4
ISBN 978-7-5684-1100-4

Ⅰ. ①太… Ⅱ. ①王… Ⅲ. ①薄膜太阳能电池—研究
Ⅳ. ①TM914.4

中国版本图书馆 CIP 数据核字(2019)第 067377 号

太阳电池光吸收层铜基薄膜的制备技术研究

Taiyang Dianchi Guangxishouceng Tongji Bomo De Zhibei Jishu Yanjiu

著　　者/王延来
责任编辑/王　晶
出版发行/江苏大学出版社
地　　址/江苏省镇江市梦溪园巷 30 号(邮编：212003)
电　　话/0511-84446464(传真)
网　　址/http://press.ujs.edu.cn
排　　版/镇江市江东印刷有限责任公司
印　　刷/句容市排印厂
开　　本/890 mm×1 240 mm　1/32
印　　张/6.375
字　　数/177 千字
版　　次/2019 年 4 月第 1 版　2019 年 4 月第 1 次印刷
书　　号/ISBN 978-7-5684-1100-4
定　　价/46.00 元

如有印装质量问题请与本社营销部联系(电话:0511-84440882)

前　言

能源危机及环境污染日益严重,开发清洁的绿色能源现已成为人类面临的重大课题。太阳能取之不尽,用之不竭,是可再生的绿色能源之一。太阳能发电是国际公认的最具发展潜力的新能源产业,各国都在全力发展太阳能光伏技术,将太阳能光电开发和利用作为一项可持续发展能源的重要战略。中国太阳能资源很丰富,政府对光伏产业发展高度重视,但太阳能电池仍无法实现大规模的民用,其根本原因是光电转化效率低和太阳能电池成本过高。

铜基薄膜太阳能电池是以铜基化合物作为光吸收层的薄膜电池,包括 $CuInSe_2$、$CuInS_2$、$Cu(In, Ga)Se_2$、Cu_2ZnSnS_4 及铜基中间带薄膜电池等,铜基薄膜材料为直接带隙半导体材料,光吸收系数高达 $10^5 cm^{-1}$,只需要 1 ~2 μm 厚的薄膜就可以吸收大部分太阳光,适合作为薄膜电池的光吸收层。铜基薄膜电池性能稳定,抗辐射能力强,光电转化效率可达 20% 以上。高效率的铜基薄膜电池是采用真空技术制备的,制备成本较高,因此限制了它的广泛应用,所以研究和开发铜基薄膜的低成本制备技术是亟待解决的重要问题。

本书主要介绍了铜基薄膜的低成本制备技术,包括 $CuInSe_2$ 薄膜的电沉积制备技术,$Cu(In, Ga)Se_2$、$CuInS_2$、Cu_2ZnSnS_4 以及 Ti 掺杂 $CuGaS_2$ 中间带薄膜材料的涂覆制备技术,还介绍了 $CuInS_2$ 薄膜的固态源硫化法制备技术。书中包含了国内外学者及著者个人的研究工作,对从事铜基薄膜电池器件研制、生产和使用的专业人员有一定的参考价值。由于水平有限,书中疏漏和不足之处在所难免,衷心希望得到读者的指正。

著　者

2018 年 11 月

目　录

第1章　概　论

近年来,世界人口急剧增加,对经济水平提出了更高的要求,整个人类社会对能源的需求越来越大。能源和环境是人类社会必须面对的两大基本问题,能源是人类社会存在与发展的重要物质基础。目前,世界的能源结构依然是以煤炭、石油、天然气等化石能源为主体的,但化石能源为不可再生资源,大量耗用终将枯竭。近百年来人类对煤炭、石油、天然气等能源的开采和使用,使它们日益枯竭,数量急剧减少,这导致国家之间、区域之间为了争夺能源而发生局部冲突和战争。传统化石能源在生产和消耗的过程中伴有大量污染物排放,严重破坏生态与环境。温室效应、雾霾等日益严重的环境污染问题向人们发出警告,使人们逐步意识到保护环境迫在眉睫。传统能源的日益枯竭和环境问题的日益突出使得寻求绿色、高效、可替代的新型能源成为当今世界人们必须要解决的重大问题。

开发新型可再生清洁能源是可以同时解决环境问题和能源问题的有效途径。作为可再生清洁能源中一个至关重要的组成部分,太阳能具有取之不尽、用之不竭的优点,得到了人们的广泛关注。太阳能具有独特的优势:(1) 清洁绿色能源,利用太阳能几乎不会对我们生存的环境造成任何污染。(2) 无限大储量,太阳是人类生存的基础条件之一,它每秒钟放射的总能量大约是 1.6×10^{23} kW,一年内照射到地球表面的太阳能总量折合标准煤约为 1.892×10^{13} 千亿吨,是目前世界主要能源探明储量的 1 万倍。(3) 分布普遍性,相对于其他能源,太阳能对于地球上绝大多数地区具有存在的普遍性,不受地域限制。太阳能作为可再生清洁能源，既是近期急需的能源补给，又是未来解决能源问题的重要基础。

太阳能的利用主要有光热和光电两种，其中光热利用已经较为成熟，比如太阳能灶、太阳能干燥器、太阳能温室和太阳能热水器等等。光电利用还处在一个不太成熟的阶段，发展空间很大。光电利用可以逐步减少火力发电，不仅降低煤炭消耗，还会减少环境污染。太阳能电池作为一种半导体器件，可实现将太阳能直接转化成电能，因此受到了世界各国的广泛关注。

太阳能的光电利用已经有很长的历史，从最初光电效应的发现到如今高转化效率器件的工业生产，经历了大量的探索与创新。如今，各国都在全力发展太阳能光伏技术，将太阳能光电的开发和利用作为一项能源发展的重要战略。中国的太阳能资源很丰富，中国气象科学研究院的研究表明，我国有 2/3 以上的国土面积年日照在 2000 h 以上，年平均辐射量超过 0.6 GJ/cm^2，各地太阳年辐射量为 930 ~ 2330 $kW \cdot h/m^2$，因此我国发展光伏产业具有得天独厚的资源优势。

中国是世界上较早发展光伏产业的国家之一，有着丰富的资源和先进的技术。眼下我国光伏产业陷入较大的困境，外部出口不确定性增高，内部产业面临产能过剩。为了解决这一问题，我国制定了《太阳能光伏产业"十二五"发展规划》，分析了"十二五"期间面临的国内外形势，提出了发展的基本思路，在经济、技术、创新和光伏发电成本四个方面提出了发展目标。

目前，太阳能电池市场的产品以多晶硅和单晶硅太阳能电池为主，约占 50% 以上，其他则主要为第二代薄膜太阳能电池。多晶硅和单晶硅太阳能电池技术成熟程度最高，实验室的最高转化效率达到了 25% 以上，工业化生产的转化效率也可达到 20% 以上，但是居高不下的成本使其还难以完全代替火力发电，所以其依然没有得到大规模的应用。以 $Cu(In,Ca)Se_2$(CIGS)太阳能电池为代表的第二代薄膜太阳能电池的实验室光电转化效率最高达到了 21.5%，但是产业化的光电转化效率较低，导致成本较高。现今，太阳能电池的研究主要聚焦于解决两个问题,一是降低太阳能电池的成本,二是提高太阳能电池的光电转化效率。

1.1 太阳能电池的基本原理

1.1.1 p-n结及其光生伏特效应

太阳能电池的作用是把太阳能转化为电能。制作太阳能电池的材料一般为半导体,其能量转换的基本原理是利用半导体的光生伏特效应(简称光伏效应)。光伏效应是指光子入射到半导体内部,在半导体内部产生光生电动势的现象。半导体材料的太阳能电池的核心结构是p-n结。

以硅材料为例讨论p-n结的特性。n型硅是指加入Ⅴ族的元素(如磷)作为施主杂质,提供导带电子,电子浓度高于空穴浓度,电子为多数载流子。p型硅则是指加入Ⅲ族的元素(如硼)作为受主杂质,提供价带空穴,空穴浓度高于电子浓度,空穴为多数载流子。未形成p-n结前,n型和p型半导体都是维持各自的电中性。n型和p型半导体相接触形成p-n结,在p-n结附近,电子会从浓度高的n型半导体扩散至浓度低的p型半导体。同时,空穴会从浓度高的p型半导体扩散至浓度低的n型半导体。电子扩散到p型半导体中,会在结区附近留下带正电的施主离子,电中性条件就会被打破,同理,空穴扩散到n型半导体中也会在结区附近留下带负电的受主离子。由于施主离子与受主离子不能移动,都是固定于晶格中,所以在结区附近就形成了一个空间电荷区,n型半导体一侧为带正电的施主离子,p型半导体一侧为带负电的受主离子,正负空间电荷之间形成一个内建电场,内建电场的方向由n区指向p区,如图1.1所示。电子和空穴的扩散运动产生的电流称为扩散电流,电子和空穴在内建电场的作用下漂移运动产生的电流称为漂移电流,当扩散电流等于漂移电流时,p-n结达到平衡状态,空间电荷区不再发生变化,内建电场达到稳定,p-n结就具备统一的费米能级。

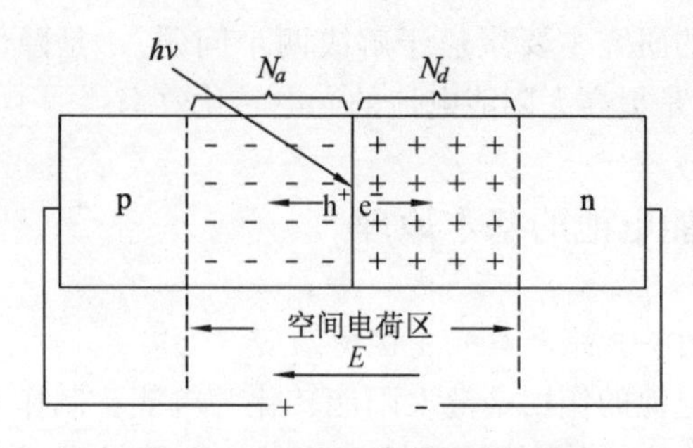

图 1.1　太阳能电池原理示意图

光照射 p－n 结时，p－n 结的平衡状态被打破。光电转换过程可分为三个步骤：① 半导体吸收光子能量产生电子－空穴对；② 电子和空穴因半导体 p－n 结形成的内建电场作用而分离；③ 电子和空穴往相反的方向各自传输至正负电极输出。入射光子在空间电荷区被吸收产生电子－空穴对，电子在内建电场的作用下向 n 型区漂移，而相对地，空穴会在内建电场作用下向 p 型区漂移。产生的漂移电流大于扩散电流，p－n 结的平衡状态被打破，相当于降低了内建电场的电势差，在 p－n 结两端加了一个正向偏压，这个正向偏压是由光生载流子产生的，也称为光生电动势，如果在 p－n 结两端接上负载，就会产生负载电流。

1.1.2　太阳能电池的输出特性参数

太阳能电池输出特性可以用输出负载的特性曲线来描述，其等效电路如图 1.2 所示，将太阳能电池等效为一个直流源与一个二极管并联输出。图 1.2 中，R 为负载，I 为负载电流，V 为负载电压，I_L为直流源输出电流，也就是光生电流，I_F为二极管正向扩散电流。

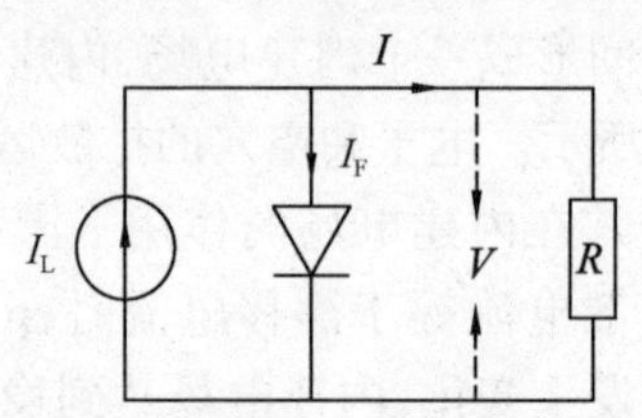

图 1.2　太阳能电池的等效电路

考虑二极管的电流电压特性,可得二极管的正向扩散电流为

$$I_F = I_0 e^{qV/(kT)} - I_0$$

式中,I_0 为反向饱和电流,q 为电子电量,V 为负载电压,T 为开氏温度。

所以负载电流可表示为

$$I = I_L - I_F = I_L - [I_0 e^{qV/(kT)} - I_0]$$

由此可得,太阳能电池的输出特性方程为

$$V = \frac{kT}{q}\ln\left(\frac{I_L - I}{I_0} + 1\right)$$

描述太阳能电池性能的物理参数主要有四个,分别是开路电压、短路电流、填充因子及光电转化效率,可以通过测试太阳能电池的 $I-V$ 特性曲线确定这四个物理参数的值。

图 1.3 为太阳能电池的 $I-V$ 特性曲线,曲线对应的最大电流为 I_{sc},称为短路电流,表示太阳能电池在短路情况下,也就是负载为零时的输出电流,其值应等于太阳能电池的光生电流 I_L;曲线对应的最大电压为 V_{oc},称为开路电压,表示电路开路情况下,也就是负载无穷大的情况下太阳能电池的输出电压;曲线上其他各点表示有负载时,负载两端的电压及通过负载的电流。P_m 点表示太阳能电池的最大输出功率,对应的电压和电流分别为最佳输出电压和最佳输出电流。

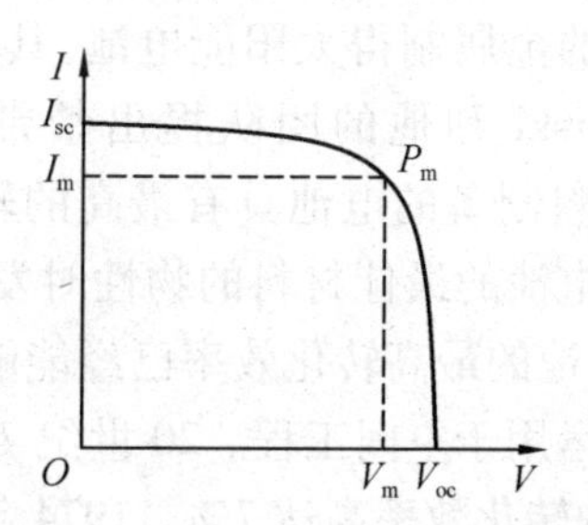

图 1.3 太阳能电池的 $I-V$ 曲线

填充因子由公式定义为

$$FF = P_m/(V_{oc} \cdot I_{sc}) = (I_m \cdot V_m)/(V_{oc} \cdot I_{sc})$$

光电转化效率 η 的定义为太阳能电池最大的输出功率与单位面积照射到太阳能电池的总辐射能 P_{in} 之比：

$$\eta = P_m / P_{in} = (V_{oc} \cdot I_{sc} \cdot FF) / P_{in}$$

由上式可见，太阳能电池的转化效率由开路电压、短路电流、填充因子决定，这三个参数越大则太阳能电池转化效率越高。如果辐射到太阳能电池的能量大于 E_g（禁带宽度）的光子全部激发电子－空穴对，且可被全部收集，这时光生电流密度最大，所以禁带宽度越小的材料对光的吸收效率越高，那么就会产生越大的光生电流，但是研究发现开路电压是随着材料禁带宽度的减小而变小的，填充因子的理论值也是由开路电压决定的，理论计算表明，太阳能电池的光吸收层材料的最佳禁带宽度值为 1.45 eV。

1.2　太阳能电池的发展历史及分类

太阳能电池的发展已经有一百多年的历史，总的来看，其基础研究和技术进步都对社会发展有积极的作用。1839 年，光生伏特效应第一次由法国物理学家 A. E. Becquerel 发现。1854 年，在美国的贝尔实验室诞生了第一块太阳能电池，虽然这块单晶硅电池的转化效率只有 6%，但对太阳能电池的实际应用起到决定性作用，是太阳能电池发展史上的里程碑。1883 年，Charles Fritts 用锗半导体和一层极薄的金属制得太阳能电池，其转化效率只有 1%。1956 年，J. J. Loferski 和他的团队提出禁带宽度 E_g 在 1.2 ~ 1.6 eV 范围内的材料制备的电池具有最高的转化效率，这是他们在探讨制造太阳能电池的最佳材料的物性时发现的。目前实验室 GaAs 多结太阳能电池的最高转化效率已经能够达到 40%，但其高额的制作成本只能运用于空间工程。20 世纪 70 年代，第一个异质结 CdTe 薄膜电池的转化效率高达 7%。1974 年，Wagner 等人制备出了转化效率为 12% 的 $CuInS_2$（CIS）电池，随后，具有柔性衬底的 $CuInGaSe_2$ 电池被开发出来，它可以增大太阳光的吸收面积。如今，又出现了多元化合物半导体太阳能电池，如以 $CuZnSnS_2$ 为代表的铜基薄膜太阳能电池、具有中间带的太阳能电池、聚光太阳能电池、染料敏化 TiO_2 太阳能电池、有机太阳能电池等。在太阳能电池的发展进程中,出现了各种不同结构、不同材料的电池,按照太阳能电池的发展过程及技术成熟程度可分为四个阶段(见表1.1),技术最成熟的为第一代晶体硅太阳能电池,也是现在应用最广泛的。

表1.1 太阳能电池发展的四个阶段

种类	内容	特点
第一代太阳能电池	晶体硅太阳能电池,有单晶硅、多晶硅和非晶硅	技术成熟,可实现工业化、产业化
第二代太阳能电池	薄膜太阳能电池,有多晶硅、非晶硅、碲化镉、铜铟镓硒、砷化镓	制造成本比较低
第三代太阳能电池	染料敏化太阳能电池、高分子太阳能电池、纳米晶太阳能电池、有机太阳能电池	原料易得、廉价,制备工艺简单,环境稳定性高,可折叠
第四代太阳能电池	钙钛矿太阳能电池,多层结构的薄膜太阳能电池,如串叠型电池	转化效率高

第一代太阳能电池主要为单晶硅及多晶硅太阳能电池。由于单晶硅价格过于昂贵,人们一度认为单晶硅太阳能电池会逐渐淡出地面应用太阳能电池市场。近年来,随着太阳能电池朝超薄化发展,工业上已经可以生产厚度小于200 μm的电池片,使得单个太阳能电池片对原材料的需求大大降低,但是单晶硅高昂的价格还是制约单晶硅太阳能电池市场发展的重要因素。典型的高效单晶硅太阳能电池是新南威尔士大学研制的钝化发射区背面局部扩散(PERL)太阳能电池,这种电池表面具有倒金字塔织构、双层减反膜及背反射结构,利用氧化层钝化电池的正、背两面,延长了电池载流子寿命;并且采用点接触代替原来的全覆盖式的背面铝合金接触,使PERL电池的转化效率高达24.7%,接近理论值28%。PERL太阳能电池是迄今为止转化效率最高的晶体硅太阳能电池。随着多晶硅制备技术和多晶硅太阳能电池制备技术的不断改进,近年来成本比单晶硅太阳能电池低的多晶硅太阳能电池的转化效

率得到了大幅度提高,多晶硅太阳能电池已经占据了光伏市场的大部分份额,但是多晶硅电池的转化效率依然低于单晶硅电池。

第二代太阳能电池主要以薄膜太阳能电池为主,从长远来看,光伏技术的未来很可能要建立在薄膜工艺的基础之上。采用薄膜技术,只需要在适当的基体上沉积少量光伏活性材料就可以满足使用要求,这不仅极大地降低了半导体材料的消耗(约为原来的1/100),而且可以实现大规模生产组件,而不是简单地生产单个电池。薄膜通常只需要 1μm 的厚度即可,大大节省了原材料成本。构成薄膜光伏电池的材料有很多种,包括多晶硅、非晶硅(α-Si)、碲化镉、铜基薄膜、砷化镓等等。

多晶硅薄膜太阳能电池是使多晶硅薄膜生长在低成本的衬底材料上,目的还是减少原材料成本,其工作原理与晶体硅电池相同,虽然成本有所降低,但是其转化效率也比较低,因此没有得到广泛的应用,还处于实验室研究阶段。非晶硅薄膜电池以其成本低、质量轻、便于大规模生产等优点,受到人们的重视并得到迅速发展,目前世界上已有多家公司在生产该种电池,主要采用 PECVD 技术,但是非晶硅薄膜电池的低转化效率、光致衰退效应限制了它的发展。

碲化镉(CdTe)的两个特性使它成为理想的薄膜太阳能电池材料,一是 CdTe 的直接能带间隙为 $E_g = 1.45$ eV,是太阳能转换所需要的理想能带间隙;二是 CdTe 材料能以各种方法沉积成质量较好的薄膜。这类太阳能电池的重要特征是 CdS 和 CdTe 可以用共沉积技术同时完成薄膜的沉积。碲化镉薄膜太阳能电池材料存在的问题是电池中形成的欧姆接触的稳定性不好,CdS 与 CdTe 之间的互扩散会影响电池的性能,另外电池中有害元素对环境的影响也需要考虑。

第三代太阳能电池主要包括染料敏化太阳能电池、有机太阳能电池、纳米晶太阳能电池等。1991 年,瑞士洛桑高等工业学院的 Gratzel M 教授在 *Nature* 上报道了一种全新的太阳能电池——染料敏化纳米晶薄膜太阳能电池,该电池以纳米多孔 TiO_2 半导体膜为基底,以过渡金属或有机化合物为染料敏化剂,选用适当的氧化-还原电解质作为导电材料。其制作工艺简单、成本低,并迅速成为太阳能电池研究领域中的一个新热点。有机太阳能电池及目前研究进展迅速的第四代钙钛矿太阳能电池同样具有这样的特点,但有机太阳能电池的转化效率还比较低。近年来,钙钛矿太阳能电池的效率大幅度提高,可达到20%以上,但其应用的稳定性问题还需要进一步解决。

1.3 铜基薄膜太阳能电池的结构、原理及发展

1.3.1 铜基薄膜太阳能电池的结构、原理

铜基薄膜太阳能电池一般泛指以Ⅰ-Ⅲ-Ⅵ化合物为吸收层的太阳能电池,它包括 $CuInSe_2$(CIS)、$CuInS_2$、Cu(In, Ga)Se_2(CIGS)、Cu_2ZnSnS_4(CZTS)等化合物类型。其中CIGS是一种黄铜矿结构、高光吸收系数、带隙可调的太阳能电池材料。CIGS电池性能稳定、抗辐射能力强,光电转化效率目前是各种薄膜太阳能电池之首,接近于目前市场主流产品晶体硅太阳能电池的转化效率,成本却是其1/3。CIGS电池性能优异,被国际上称为下一代的廉价太阳能电池,其在地面阳光发电和空间微小卫星动力电源的应用上均具有广阔的市场前景。

铜基薄膜太阳能电池典型结构为图1.4所示的多层膜结构:金属栅—减反膜—透明电极—窗口层—缓冲层—光吸收层—背电极—衬底(玻璃)。

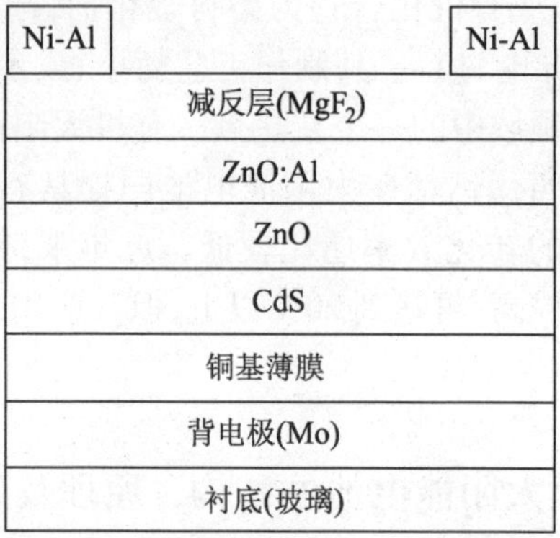

Ni-Al　　Ni-Al
减反层(MgF_2)
ZnO:Al
ZnO
CdS
铜基薄膜
背电极(Mo)
衬底(玻璃)

图 1.4　铜基薄膜太阳能电池结构示意图

铜基薄膜太阳能电池是在廉价基底上沉积多层半导体薄膜结合而成的光电器件,衬底材料一般采用钠钙玻璃,也可采用有机聚合物或者金属薄片等柔性材料。电池核心部分为 p 型的铜基薄膜光吸收层和 n 型的由 CdS、ZnO 构成的异质 p－n 结。铜基薄膜的厚度为 1 ~ 2 μm, CdS 层的厚度为 50 nm 左右, ZnO 层的厚度为 50 nm 左右, CdS 层的引入是为了弥补铜铟镓硒和氧化锌带隙的不连续性,所以也称为缓冲层。ZnO:Al 层为透明导电层,具有透光和收集光生载流子的双重作用,厚度约为 450 nm。最上面的 MgF_2 层起减小光反射的作用,提高对光的有效利用率。前电极为 Ni－Al 电极,背电极为厚度 1 μm 左右的金属 Mo 层,可有效收集光生电流。

1.3.2　铜基薄膜太阳能电池的发展

1953 年, Hahn 等人首次成功合成 $CuInSe_2$ 材料。1974 年, Wagner 等人制备了 n－CdS/p－CIS 单晶太阳能电池,其光电转化效率高达 12%。1976 年,第一个 CIGS 多晶薄膜太阳能电池的诞生,真正激励了各国研究者。研究中,人们通过合金化合物 $Cu(In, Ga)Se_2$ 和 $CuIn(S, Se)_2$ 的成功制备,将原有 CIS 光伏材料的禁带宽度增大,使其更接近光伏转换最佳值(约 1.4 eV),在提高转化效率的同时获得了更高的开路电压。随后, Arco Solar 公司于 1983 年创造性地提出后硒化法工艺,这项具有简单和廉价双重优点的技术在随后的CIS薄膜电池制备过程中被广泛地推广和应用。1988年，德国研制出的CIS电池转化效率达到11.1%，自此，铜基薄膜电池的转化效率第一次超过10%，同时，其稳定性好、耐空间辐射的优点也逐渐被研究者发现并关注。1994年，瑞典皇家技术学院制备出面积为0.4 cm^2、转化效率高达17.6%的CIS太阳能电池。2008年3月，美国可再生能源实验室利用三步共蒸发法制备出了转化效率为19.9%的铜铟镓硒薄膜太阳能电池，创造了当时薄膜太阳能电池的世界纪录。2010年8月，德国巴登符腾堡邦太阳能和氢能研究中心（ZSW）研制的CIGS薄膜电池，光电转化效率高达20.3%，与传统多晶硅太阳能电池的实验室转化效率仅差0.1%。2013年10月，德国巴登符腾堡邦太阳能和氢能研究中心（ZSW）进一步刷新世界纪录，将CIGS薄膜电池的光电转化效率提高到20.8%。2014年10月16日，Manz集团与巴登符腾堡邦太阳能和氢能研究中心（ZSW）再一次刷新CIGS薄膜太阳能电池实验室转化效率纪录，比多晶硅太阳能电池的实验室转化效率20.4%高出1.3个百分点，提高到21.7%。

1974年，美国贝尔实验室的S. Wanger等在CdS上蒸镀$CuInS_2$的单晶制得CIS太阳能电池的雏形。第一个$CuInS_2$同质结太阳能电池由Kazmerski与Sanborn在1977年制得，其转化效率为3.33%，是用双源沉积法制备的。1979年，Grindie等通过在H_2S气氛中硫化射频溅射得到的Cu－In先驱体，制得了$CuInS_2$薄膜。20世纪80年代出现了许多新的制备太阳能电池的方法，但是转化效率提高得不多。1992年，Walter等采用共蒸发方法制备$CuIn(Se,S)_2/CdS$电池，其光电转化效率达到10%，到1994年，Walter等制备出了转化效率超过12%的$CuInS_2$太阳能电池，其结构为$Mo/p-CuInS_2/n-CdS/ZnO$，目前实验室最高转化效率为12.5%，与理论转化效率28%～32%还有较大差距。要想提高转化效率，一方面可以通过优化现有的技术参数，使工艺更加成熟；另一方面则可以继续寻找新的制备方法，以实现转化效率的新突破。由于$CuInS_2$太阳能电池具有良好的发展潜力，其生产规模也在不断扩大。在产业界,德国 Hahn - Meitner 学院和 Sulfurcell 公司采用溅射硫化方法,生产出面积为 17.1 cm^2的 $CuInS_2$太阳能电池,光电转化效率达到9.3%,并且已经在德国建成组件面积为 120 cm×60 cm 的1 MW 生产示范线。

1967 年,Nitsche 等利用碘气相运输法成功制备出单晶 CZTS。1988 年,Ito 和 Nakazawa 首次用溅射法成功制备出 CZTS 薄膜。与 CIGS 薄膜太阳能电池相比,CZTS 薄膜太阳能电池有其独特的优点:构成元素在地壳中的含量很丰富,且不含有毒物质。因此,关于 CZTS 薄膜太阳能电池的研究越加深入和广泛。CZTS 薄膜太阳能电池的转化效率已从 1996 年的 0.66% 快速地提高到 2010 年的 6.8%。在 2012 年 1 月,AQT Solar 宣布其制备的 CZTS 薄膜太阳能电池的转化效率已接近 10%。目前,IBM 与 Solar Frontier、东京应化工业及旺能光电共同开发的 CZTS 薄膜太阳能电池,实现了 11.1% 的转化效率。根据 Shockley - Queisser 理论推导,CZTS 薄膜太阳能电池的转化效率可达 32.2%。因此,CZTS 材料在太阳能电池的应用领域有着很大的发展空间。

1.4 CIS、CIGS 薄膜材料的特性及制备技术

1.4.1 CIS 薄膜材料的晶体结构

$CuInSe_2$属于ⅠB－ⅢA－ⅥA 族化合物,它是由ⅡB－ⅥA 族化合物衍化而来的,其中ⅡB 元素被ⅠB 族元素 Cu 与ⅢA 族元素 In 取代而形成三元素化合物。在室温下 $CuInSe_2$的晶体结构与ⅡB－ⅥA 族化合物闪锌矿的类似,图 1.5 是黄铜矿结构的 $CuInSe_2$ 晶格示意图,从图中可知,每个金属阳离子(Cu^+、In^{3+})周围都有四个与之最邻近的阴离子(Se^{2-})。同样,以阴离子(Se^{2-})为中心,它的周围有两种阳离子(Cu^+、In^{3+})存在,分别位于四个角上。由于各种阳离子的原子质量和半径等化学性质有所差异,导致各种阳离子与阴离子的键长和离子性质不同,所以以 Se 为中心的四面体不是完全对称的。室温下,CIS 的晶格常数为 $a=0.5789$ nm,$c=$

1.1612 nm;$CuCaSe_2$(CGS)的晶格常数为 $a=0.561$ nm,$c=1.103$ nm。CIGS 是通过 Ga 原子代替 CIS 中的部分 In 原子形成的,所以其晶格常数介于 CIS 和 CGS 之间。

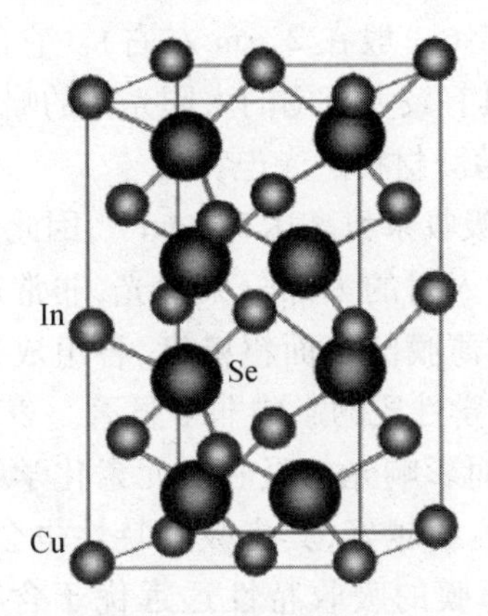

图 1.5 $CuInSe_2$的晶体结构

可以将 $CuInSe_2$ 的晶体结构视为由两个面心立方晶格套构而成:一个为阴离子 Se^{2-} 组成的面心立方晶格,另一个为阳离子(Cu^+, In^{3+})对称分布的面心立方晶格,即阳离子次晶格上被 Cu 和 In 原子占据的概率各为 50%,这种晶胞的 c/a 值一般约为 2。从 $CuInSe_2$拟二元 $Cu_2Se-In_2Se_3$相图来看,具有立方结构的相存在的温度区为 810 ~990 ℃,相转换温度低于 810 ℃则为黄铜矿结构的相。即使偏离定比组成(Cu∶In∶Se = 1∶1∶2)一定的程度,只要材料的化学组成仍在该区间内,该材料依然具有黄铜矿结构及相同的物理和化学特性。一旦偏离定比组成,材料中将会产生点缺陷,ⅠB-ⅢA-ⅥA 族化合物的本征点缺陷(如空位、间隙、错位)种类就达十二种之多,这些点缺陷会在禁带中产生新能级并像外加杂质一样影响材料的导电特性。通过调变 $CuInSe_2$ 的化学组成可得到不同导电形式的 p 型(Cu 占比大)或 n 型(In 占比大),而不必借助外加杂质。性能比 CIS 更加优越的 $Cu(In,Ga)Se_2$就是在 $CuInSe_2$的基础上,掺杂 Ga 原子元素,使 Ga 原子部分取代同族的 In 原子。通过调节 Ga/(In + Ga)原子比可以改变 CIGS 的带隙,调节范围为1.04～1.72 eV，CIGS仍然是黄铜矿结构且性能和CIS一样好。

CIS、CIGS是直接带隙的半导体材料，因此电池中所需的CIS、CIGS薄膜厚度很小（一般在2 μm左右）。它的光吸收系数高达$10^5\ cm^{-1}$，同时还具有较大范围的太阳光谱的响应特性。

1.4.2 CIS薄膜材料的光电特性

CIS材料的光吸收系数高达$10^5\ cm^{-1}$，因此只需要1～2 μm厚的薄膜就可以吸收入射的大部分太阳光，非常适合用作薄膜材料的吸收层。吸收层薄膜的表面粗糙度、各组成元素比例及薄膜的结晶度对薄膜的光学性质的影响非常显著。表面粗糙度会影响薄膜对光的散射，从而影响光的吸收。元素化学组分越接近化学计量比，薄膜的结晶度会越好，其光吸收特性也会相应增强，且单一黄铜矿相结构的薄膜的吸收特性远远优于含有其他杂相的CIS薄膜。

CIS吸收层薄膜材料是一种直接带隙半导体材料，通过Ga原子的掺杂调整$x[x = Ga/(In + Ga)]$，其禁带宽度可以在1.02～1.67 eV之间变化。因此可以通过调节薄膜中Ga和In的比例来调节材料的禁带宽度，使之接近太阳光谱达到最佳匹配。禁带宽度随x的变化关系可以用下列公式来近似表示：

$$E_g(CIGS) = xE_g(CGS) + (1 - x)E_g(CIS) - bx(1 - x)$$

上式中，E_g为禁带宽度；x表示薄膜中镓的掺杂含量；b为光学弯曲系数，值为0.15～0.24 eV，取决于制备方法和材料的结构特性。通过计算可以看出，若将x控制在0.6～0.7，得到的薄膜禁带宽度大约为1.4 eV。但这会使缺陷态上升，导致电池效率降低。实际上，在调节禁带宽度的同时，还应考虑材料的晶格缺陷。由于CIS和CGS的晶格常数c/a分别为2.0059和1.996，当x值在20%～30%范围内时，CIGS的晶格常数c/a接近2，结构最为完整，目前高效太阳能电池中镓的含量都在此范围内。

1.4.3 CIS、CIGS薄膜材料的制备技术

CIGS电池实验室效率的不断提高给CIGS薄膜产业的发展注

入了新的强劲动力,获得高质量的CIGS吸收层薄膜是制备高效CIGS太阳能电池的关键所在。尽管有很多种方法可以制备出化学计量比的CIS和CIGS薄膜,但是只有少数方法制备的吸收层可提供较高转化效率(15%以上)。高转化效率的吸收层常用的制备方法是单质元素共蒸镀法和前驱体薄膜(单质或者化合物层)在硒化气氛(H_2Se或Se蒸气)中热处理的方法。在近20多年的研究过程中,科研人员提出了各种沉积薄膜的方法,大致可以分为两类:真空技术和非真空技术。真空技术(见表1.2)主要采用共蒸技术及溅射-硒化二态工艺,非真空技术(见表1.3)主要包括电沉积、涂覆及喷涂热解等。

表1.2 CIGS薄膜的真空沉积技术

真空技术	工艺原理
共蒸技术	Se气氛中,分步蒸发铜铟和铜镓合金,衬底温度为400~600 ℃
溅射-硒化二态工艺	在基底上通过溅射形成金属前驱体薄膜,前驱体薄膜在H_2Se或Se气氛中(温度为450~600 ℃),进行硒化反应

表1.3 CIGS薄膜的非真空沉积技术

非真空技术	制备前驱物薄膜	硒化反应处理
电沉积	依次沉积或共沉积Cu、In、Ga、Se元素形成前驱体层	前驱体层在惰性$Se/H_2Se/H_2S$的气氛中,硒化再结晶
涂覆	涂覆含有Cu、In、Ga、Se等元素的化合物	前驱体薄膜高温退火再结晶
喷涂热解	喷涂含有Cu、In、Ga、Se元素的化合物	高温清除黏结剂并在H_2中还原,在$Se/H_2Se/H_2S$的气氛中进行硒化反应

(1) 共蒸技术

共蒸技术是一种物理气相沉积工艺,在一定的真空条件下,通过高温加热金属合金或者金属元素使之蒸发沉积在预先加热的基底上,形成所需薄膜。在蒸发过程中可以通过控制蒸发速率来控制薄膜成分及其厚度。按照沉积工艺的不同,可分为一步法、两步法和三步法。目前实验室大多采用三步法制备高效 CIGS 电池。三步法大体为:第一步,同时蒸发 In、Ga 和 Se 三种元素,在 Mo 玻璃基底上沉积 In - Ga - Se 层,衬底温度 250 ~ 400 ℃;第二步,共蒸发 Se 和 Cu,衬底温度上升至 540 ℃,形成富 Cu 的 CIGS 层;第三步,共蒸发少量 In、Ga 和 Se,最后形成略微贫 Cu 的 CIGS 薄膜。

(2) 溅射法

溅射法是目前工业上采用较多的一种成膜方法。其制备的薄膜均匀性好,可操控性和重复性强。溅射制备 CIGS 薄膜一般有三种方法。第一种是直接溅射 CIGS 靶材,一步沉积 CIGS 薄膜。第二种是在 H_2Se 气氛中溅射 Cu - In 和 Cu - Ga 合金靶材,制备 CIGS 薄膜。第三种是先溅射 Cu - In 和 Cu - Ga 合金靶材,制备 Cu - In - Ga 合金预制层,然后利用硒化炉对其进行硒化,最后得到 CIGS 薄膜。

(3) 电沉积法

电化学沉积是一种历史悠久且比较成熟的表面沉积处理技术,可以追溯到 19 世纪初期。由于电化学沉积不需要真空、高温等复杂环境,而且对设备的要求非常简单,大大降低了设备成本。这种方法对材料利用率高,再加上 CIGS 原材料昂贵,所以其在 CIGS 薄膜制备方面极具吸引力。电化学沉积一般分为一步沉积法和多步沉积法。一步沉积法是将所有薄膜的组成元素按照比例混合溶解在同一种电解液中,同时沉积,一步制备所需薄膜。多步沉积法是先利用电沉积的方法制备 CIGS 预制膜,然后利用其他工艺对薄膜成分进行调整,最终退火得到所需薄膜。电化学沉积的优点是对设备要求低,原料利用率高,对原料纯度要求不高,并且对衬底形状无特殊限制;缺点是对薄膜的化学计量比难以控制,还有很多技术问题需要克服。电沉积应用于四元化合物 CIGS 薄膜的制备,在经过后续处理后,小面积电池的转化效率超过 10%。通过添加 In 和 Ga,并经高温真空热处理后,转化效率达 15.4%。目前面临的问题仍然是化学溶液的稳定性,大面积膜的均一性和高沉淀率。电沉积一个元素叠层，然后进行硒化，可制得转化效率为7% ~10% 的电池材料。目前，电沉积单一金属元素的工艺已经比较成熟，但是对于电沉积多元金属，特别是多元化合物半导体还非常困难。四元化合物 CIGS 的电沉积制备更加复杂和困难，每种元素（Cu、In、Ga、Se）都具有不同的电化学性能，并且需要在溶液中电化学共沉积，这使得整个系统变得非常复杂。Cu、In、Ga、Se 的沉积电位相差很大，Se 的标准沉积电位（相对标准氢电极）为 0.75 V，Cu 为 0.34 V，In 则为 -0.34 V，Ga 的标准沉积电位为 -0.53 V。这表明溶液中 Cu 和 Se 相对比较容易还原，而 In 由于其标准电位值相对较负，还原时还会产生氢气，因此，比较难还原，Ga 则最为困难。因此通常需要通过优化溶液条件（pH 值、浓度、络合剂、电位等）才能得到质量较好的镀层。1983 年，美国国家可再生能源实验室（NREL）的 Bhattacharya 首先在含有 Cu、In、Se 三种元素的溶液中一步电沉积 CIS 前驱物薄膜。

（4）涂覆法

涂覆法制备 CIGS 薄膜包括三个步骤：制备前驱体墨汁料浆、涂覆制备前驱体薄膜和高温退火处理。料浆的制备一般有物理和化学两种方法。化学方法是将 CIGS 组分的无机或有机盐类混合溶解到溶剂中，然后调节溶液的 pH 值、温度等使之反应生成所需墨汁。物理方法是将 Cu、In 和 Ga 的硒化物根据所需化学计量比混合放在球磨罐中，再加入适量的溶剂和少许黏合剂进行高能球磨。研磨的目的有两个：一是将各种物质混合均匀；二是通过物理作用使硒化物的粒径达到亚微米或纳米级。涂覆制备薄膜的方法主要包括旋涂法、刮刀涂覆法、丝网印刷法和喷涂法等，可用于连续滚动沉积。涂浆作为转化介质，可以由按化学计量配比的前驱体物质（纳米粒子）和液体黏结剂组成。涂浆会直接影响膜的最终厚度和均匀性，可以通过加入添加剂来调节，涂层工艺中材料的利用率很高且填充密度较大，对于含有贵重元素（如 In 和 Ga）的前驱体来说，材料损失最小是降低成本的重要方法。

高温烧结 CIGS 薄膜的难点是如何在衬底上通过烧结产生均

匀、致密的薄膜。利用 GIS 作为前驱体粉末制备丝网印刷涂浆，粉末颗粒尺寸太大，且无法得到致密的薄膜。利用球磨法研磨柔软活性金属得到的机械活化 CIS 合金粉末，其烧结温度要比纯金属粉高。这一问题的解决方法是研磨 Cu－In 合金或二元硒化物，合金和二元硒化物比纯 In 脆得多，可以球磨成很细的粉末。通过稀释的 H_2Se 硒化制备的 CIS 电池，虽然薄膜存在一些由无规则前驱体粒子引起的气孔，其转化效率也可达到 10%～11%。由于纳米颗粒尺寸小，形状为均匀的球形，纳米金属氧化物膜的填充密度很大，将 Ga 引入到这种前驱体材料中，可以使电池具有很高的开路电压，转化效率达到 13.6%。如果 Ga 的分布控制得好，电池的转化效率甚至可达 15%以上。这种制备工艺包括先在稀 H_2 中还原，然后在稀 H_2Se 中硒化。尽管用 H_2Se 气氛硒化可以得到均匀且形貌较好的薄膜，但是由于 H_2Se 是剧毒气体，因此许多研究小组改用 Se 气氛来代替 H_2Se 气氛。Kaelin 研究了金属、金属氧化物和金属硒化物等纳米前驱物材料在 Se 气氛下硒化的效果。在含有两个温度区的石英反应器中进行硒化反应，衬底区温度在 500～550 ℃，硒源区温度在 300～450 ℃，反应时间控制在 10～30 min。结果发现金属的前驱物形成了顶部晶粒大小约为 1 mm 的致密 CIS 层，在顶层下面是晶粒较小的亚层。对金属硒化物前驱物进行硒化退火处理，观察到晶粒粗化现象，硒化后薄膜有裂纹形成。在金属氧化物的前驱物硒化退火处理中同样观察到类似的情况。采取加大硒分压和增加硒浓度的措施也不能消除这些吸收层的裂痕。由于烧结反应是从顶部开始，然后逐渐向下进行，直至贯穿薄膜，对于厚的吸收层来说，致密的顶层减缓了烧结过程，这可能会影响前驱物在硒化过程中的完全转变，而在退火后的薄膜中存在杂质相（主要是氧化物，如 In_2O_3、Ga_2O_3），这些杂质相会显著地降低光电转化效率，对于金属硒化物和金属氧化物的前驱物尤其明显。因此必须设法在硒化的过程中阻止 In 和 Ga 的氧化物相形成。制备的前驱体预制膜经过高温退火处理就可以得到所需的 CIGS 薄膜。总之，以上介绍的方法的优点是操作简单，成本低，易于大面积成膜，但其成膜质量不好,表面不光滑,由此得到的电池器件效率不高,且还有许多技术问题需要克服。

(5) 喷涂热解法

喷涂技术是一种研究较多的非真空沉积技术,1989 年就有报道小面积电池转化效率约为5%,利用喷涂技术分散和沉积的前驱体溶液非常适宜均匀大面积涂层,制备过程包括在受热衬底上(300 ~400 ℃)前驱体预制膜的分解和反应,前驱体薄膜通常是金属氯化物或硫族化合物。由于在反应中生成副产物,因此这种技术的不足之处是有杂质相生成。在控制气氛中进行热处理可以减少杂质含量,提高结晶度。在热处理过程中分解产生的氯、碳会使 CIGS 晶粒变小。在特殊的气氛中进行热处理可以降低杂质相的局部集中、增强 CIGS 晶体的生长。前驱体溶液的粒度同样影响薄膜的致密度及反应的完全性,将纳米级的原料混合在丙二醇中,超声波振动使颗粒充分扩散,采用电涂法将混合液喷涂在 Mo 层上,然后在 Se 蒸气中进行硒化,是一种常见的方法。M Kealin 等采用喷雾法对氧化物、金属和硒化物先驱体制备 CIS 或 CIGS 进行研究,前驱体由平均粒径为 100 nm 的 Cu 和 In 氧化物颗粒、纳米级的 Cu 粉和 In 粉,以及硒化物组成。这种硒化物由适量的 $CuSO_4$、$InCl_3$与硒脲在水溶液中反应生成,过滤后在空气中干燥,平均粒径为 500 nm。硒化实验数据显示,氧化物前驱体与 Se 蒸气反应完全,但反应效率不及使用 H_2Se 气体。硒化物先驱体硒化后晶粒变大,但粒径比较接近,没有局部粗化现象。新型前驱体溶液采取有机单一前驱体,发展单一型前驱体的初衷是降低 CIGS 形成的温度和避免杂质相的生成。

比较成熟的铜基薄膜光吸收层的制备技术主要是三步共蒸技术,现今转化效率最高的 CIGS 薄膜电池就是以这种方法制备的。但是这种方法的缺点也很明显,成本高、原材料利用率低、难以大面积成膜,所以实现大规模的工业化生产还存在较大的困难。低成本、非真空的制备技术虽然也进行了较多研究,但是依然存在很多问题,还需要进一步的深入研究。

1.5 $CuInS_2$薄膜的特性与制备技术

$CuInS_2$也是一种ⅠB-ⅢA-ⅥA族三元化合物半导体，其结构与$CuInSe_2$的晶体结构基本相同，具有黄铜矿、闪锌矿和未知结构的三种同素异形体结构。低温下，$CuInS_2$为黄铜矿结构，相变温度为980 ℃，属于正方晶系，这种结构也可以看作是由两个面心立方晶格套构而成的，与图1.5中$CuInSe_2$的晶体结构类似，一个面心立方晶格由阴离子S组成，另一个面心立方晶格由阳离子Cu和In对称分布组成。晶格常数$a=0.5545$ nm，$c=1.1084$ nm，当材料制备工艺变化的时候，c/a的值会有微小的变化。在980~1045 ℃温度范围内，若c/a大于1.95，则转变为立方晶系的闪锌矿结构；若c/a小于1.95，即使在高温下也不能形成闪锌矿结构。当温度高于1045 ℃时，$CuInS_2$的相结构未知，现一般假定为纤锌矿结构。

$CuInS_2$是一种直接带隙半导体材料，禁带宽度约为1.50 eV，接近太阳能电池的最佳禁带宽度1.45 eV。其吸收系数高达$10^5 cm^{-1}$，有研究表明，只需1μm厚的$CuInS_2$薄膜即可吸收90%的太阳光，因此$CuInS_2$非常适合作为光吸收层材料。$CuInS_2$薄膜的表面粗糙度、各组成元素的比例、薄膜的均匀性、结晶程度，以及各种缺陷等材料特征是影响$CuInS_2$薄膜材料的光学性质的主要因素。薄膜的表面粗糙度增加会使薄膜对光的散射增强，从而影响薄膜对光的吸收，同时还会使薄膜表面界面态增加，导致表面载流子复合增大。有研究表明，当薄膜的元素组成与化学计量比偏离越小，薄膜的结晶程度越好，光学吸收特性也就越好。只含有单一黄铜矿结构的$CuInS_2$薄膜的吸收特性要远优于含有其他成分和结构的$CuInS_2$薄膜。

$CuInS_2$薄膜既可以做成p型半导体也可以做成n型半导体，控制$CuInS_2$薄膜各元素的组成及偏离的化学计量比可以改变薄膜的导电类型。实验表明，可以通过控制原子比Cu/In与S/(Cu+In)来调节导电类型，当Cu过量时，因存在In空位或Cu(In)本征缺陷而使薄膜成 p 型；当 In 过量时，因存在间隙 In 或 In(Cu)而使薄膜成 n 型。一般随着 $CuInS_2$ 薄膜的 Cu/In 原子比增大，薄膜的电阻率会降低，这可能是因为在硫化过程中富 Cu 型薄膜更易形成 CuS_x 的二元相，而 CuS_x 的电阻率要低于 $CuInS_2$。

$CuInS_2$ 薄膜主要的制备技术同样可以分为真空技术与非真空技术，包括喷雾热解法、电化学沉积法、溅射法、涂覆法、真空蒸发法等，其制备工艺与 $CuInSe_2$ 的制备工艺技术路线相同，只是原材料不同，且将硒化过程改为硫化过程，硒源改为硫源，这里不再赘述。

1.6 Cu_2ZnSnS_4 薄膜的特性与制备技术

CZTS 薄膜是一种ⅠB－ⅡB－ⅣA－ⅥA 族四元化合物半导体，是具有锌黄锡矿结构的多晶薄膜。CZTS 的晶体结构如图 1.6 所示，这种结构可以看作是由两个面心立方晶格套构而成的，晶体结构属四方晶系，晶格常数 $a=0.5427$ nm，$c=1.0848$ nm，通过各元素的原子量可以计算出 CZTS 的密度约为 4.6 g/cm^3，其中 c/a 随着材料制备工艺的不同会有微小变化。即使组成 CZTS 的四种元素 Cu、Zn、Sn 和 S 偏离化学计量比，其依然具有锌黄锡矿结构，相似的物理及化学特性。Chen 等人利用第一性原理进行计算，结果说明锌黄锡矿结构的 CZTS 在室温下是最稳定的。

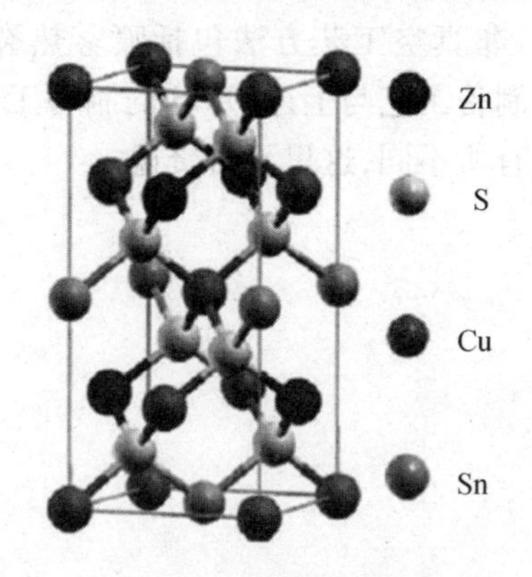

图 1.6　CZTS 晶体的锌黄锡矿结构

锌黄锡矿结构的Cu_2ZnSnS_4是一种直接带隙半导体材料，理论上其禁带宽度为1.50 eV，接近太阳能电池的最佳禁带宽度1.45 eV。研究表明，通过不同方法制备的CZTS薄膜的禁带宽度范围为1.30～1.73 eV。CZTS薄膜具有高达10^4 cm^{-1}的吸收系数，研究表明，只需1～2 μm厚的Cu_2ZnSnS_4薄膜即可吸收绝大部分的太阳光，因此Cu_2ZnSnS_4薄膜非常适合作为太阳能电池的光吸收层。

Cu_2ZnSnS_4薄膜是一种p型半导体材料，与$CuInS_2$类似，可通过本征缺陷实现自掺杂。在CZTS薄膜生长的过程中，CZTS薄膜各元素的组成偏离化学计量比时会产生各种缺陷，主要包括空位缺陷、替位缺陷和间隙缺陷等本征缺陷。Chen等人利用第一性原理系统地计算了CZTS材料的缺陷性质，结果显示形成受主缺陷的能量要比形成施主缺陷的能量低，因此CZTS很难通过掺杂形成n型半导体，Cu、Zn的替位缺陷是CZTS材料为p型半导体的主要原因。

目前已报道的CZTS薄膜的电阻率差异较大，CZTS薄膜应用于太阳能电池光吸收层，其最佳电阻范围为10^{-3}～10^{-1} Ω·cm。报道中CZTS薄膜的空穴浓度为10^{16}～10^{18} cm^{-3}；霍尔效应测试显示空穴的迁移率范围为1～10 cm^2/(V·s)。

Cu_2ZnSnS_4薄膜的制备方法也可以分真空工艺方法和非真空工艺方法两类。常用的真空工艺方法包括真空蒸发法、溅射法、激光脉冲沉积法等。非真空工艺方法包括喷雾热裂解法、电化学沉积法、涂覆法等。制备工艺与上述CIGS的制备工艺技术路线基本相同，只是原材料有所不同，这里不再赘述。

第 2 章　$CuIn(Ga)Se_2$ 薄膜的涂覆法制备技术

CIGS 薄膜太阳能电池的制备中,关键的是光吸收层 $CuIn_{1-x}Ga_xSe_2$ 薄膜的制备,性能良好的 $CuIn_{1-x}Ga_xSe_2$ 光吸收层是制备优质太阳能电池的关键。目前高效电池所用的 $CuIn_{1-x}Ga_xSe_2$ 光吸收层都是采用真空技术制备的,使 CIGS 薄膜太阳能电池的成本居高不下,实现产业化的困难也较大。因此,在目前的状况下,迫切需要寻求非真空、成本低、工艺重复性高的制备技术。涂覆法制备技术就是一种低成本、非真空的粉末烧结技术,工艺流程如下:首先球磨制备基于 In_2Se_3、Ga_2Se_3 和 CuSe 等二元硒化物的微纳米颗粒料浆,然后将料浆涂覆在基底材料上形成前驱体薄膜,最后通过烧结前驱体薄膜得到 $CuIn_{1-x}Ga_xSe_2$ 薄膜。该制备技术具有很多优点:(1)球磨法制备料浆、涂覆和烧结工艺过程都不需要真空,可大大降低设备成本;(2)涂覆过程可以实现连续化、大面积的均匀成膜,有利于产业化的实现;(3)在常用的蒸发、溅射等真空制备技术中,原材料的挥发会造成 In、Ga 等昂贵金属的大量损失,而该技术所用料浆可重复使用,易回收,可降低原材料成本。

2.1　制备工艺方法及薄膜性能测试技术

2.1.1　衬底材料的选择及处理工艺

CIGS 薄膜太阳能电池最常用的衬底材料是钠钙玻璃,其次为钼片、不锈钢片、钛片及聚酰亚胺等柔性衬底材料。对衬底材料的要求是要与 $CuIn_{1-x}Ga_xSe_2$ 化合物具有相近的热膨胀系数,这样在热处理过程中不会产生过大的内应力。钠钙玻璃、背电极 Mo 薄膜

都具有与 $CuIn_{1-x}Ga_xSe_2$ 化合物较匹配的良好热膨胀系数。由于钠钙玻璃含有 Na^+，研究发现钠钙玻璃中的 Na 元素会在热处理过程中扩散到 $CuIn_{1-x}Ga_xSe_2$ 薄膜中，从而改善 $CuIn_{1-x}Ga_xSe_2$ 薄膜的电学性能，最终会使 CIGS 薄膜太阳能电池的填充因子和开路电压提高。Mo 薄膜作为背电极具有优良的导电性，在制备吸收层时，$CuIn_{1-x}Ga_xSe_2$ 吸收层和 Mo 背电极之间会形成一个薄层 p 型 $MoSe_2$，这会对电池性能的改善有很大的帮助。首先，它形成了一个很好的欧姆接触；其次，它减少了在背接触处电子－空穴的复合率。因此，目前多层的 CIGS 电池通常选 Mo 作为背电极，采用钠钙玻璃作为衬底。

玻璃衬底的清洁度对制备高质量薄膜有着非常重要的影响，衬底的洁净度不够，一方面衬底上的杂质会被带到所沉积的薄膜中，对薄膜性能造成不好的影响，另一方面会影响薄膜的附着力，高温退火时容易脱落。为保证薄膜质量，需要对玻璃衬底进行细致的清洗，具体步骤如图 2.1 所示。

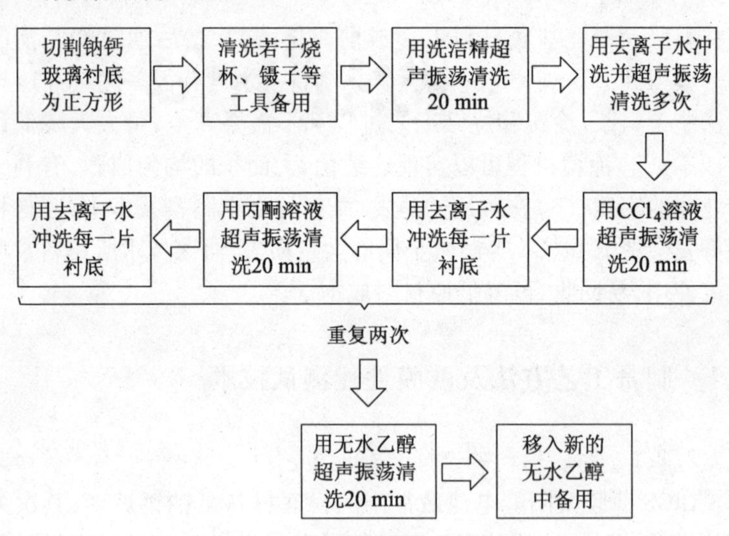

图 2.1　钠钙玻璃衬底的清洗流程图

2.1.2　$CuIn_{1-x}Ga_xSe_2$ 薄膜的涂覆法制备工艺流程

涂覆法制备 $CuIn_{1-x}Ga_xSe_2$ 薄膜的工艺流程如图 2.2 所示，$CuIn_{1-x}Ga_xSe_2$ 薄膜的制备主要分为球磨法制备前驱体料浆、旋涂制备前驱体薄膜、热处理烧结制备 $CuIn_{1-x}Ga_xSe_2$ 薄膜三个步骤。

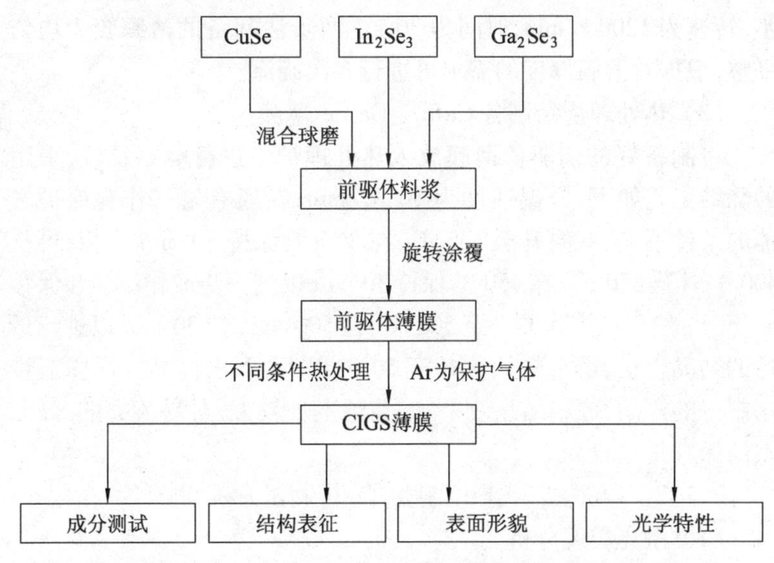

图 2.2　$CuIn_{1-x}Ga_xSe_2$ 薄膜的制备工艺流程图

(1)球磨法制备前驱体料浆

以 CuSe、In_2Se_3 和 Ga_2Se_3 等二元化合物粉末作为原材料，按照 $CuIn_{1-x}Ga_xSe_2$ 的化学计量比设计三种化合物的比例。原材料按照设计的比例混合放入球磨罐中，球磨罐与研磨球都采用玛瑙材料，玛瑙球磨罐容量为 200 mL，玛瑙球的直径和数量规格为：20 mm 3 个，10 mm 15 个，5 mm 30 个，3 mm 60 个。球磨罐中注入 20 mL 乙醇作为研磨介质，加入一定量的聚乙二醇作为分散剂，充入氩气将空气排出以防球磨过程受空气的影响，将球磨罐放入高能球磨机中进行研磨，球磨转速是 300 r/min，球磨时间是 5 ~ 10 h。

(2)旋涂制备前驱体薄膜

原材料经过球磨形成前驱体料浆，用胶头滴管将制备的前驱体料浆移到干净的广口瓶中，采用磁力搅拌将其搅拌均匀，防止颗粒团聚。采用旋涂技术将搅拌均匀的前驱体料浆涂覆在经清洁处理的钙钠玻璃基底上,制备前驱体薄膜。前驱体薄膜的厚度和均匀性由料浆黏稠度、旋涂转速、旋涂时间和旋涂次数等因素决定。可采用两步旋涂技术:第一步,转速为 400 r/min,时间为 10 s;第二步,转速为 1200 r/min,时间为 30 s。两步法制备的薄膜较为均匀平整,根据对薄膜厚度的需求可进行多次旋涂。

(3) 热处理烧结制备 $CuIn_{1-x}Ga_xSe_2$ 薄膜

将制备好的前驱体薄膜放入热处理炉中进行烧结反应,采用的烧结工艺如下:升温速度为 10 ℃/min,在通有氩气作为保护气体的条件下,从室温升至 300 ℃,在 300 ℃保持 30 min 成相;再从 300 ℃升至 450 ℃,在 450 ℃保持 30 min 以进一步成相结晶和保存 Se 元素;然后从 450 ℃升至 500 ℃,在 500 ℃保持 30 min 以进行最后的结晶生长,最后自然冷却至 50 ℃以下,取出样品。这样三步法制得的样品,成相结晶效果好,晶粒生长较大,对易流失的 Se 元素的保存量也较高。

2.1.3 $CuIn_{1-x}Ga_xSe_2$ 薄膜的分析测试方法

(1) 激光粒度分析

激光粒度分析法是利用光的散射原理测量颗粒的大小,是一种比较通用的粒度分布测试方法。当光束遇到颗粒阻挡时,一部分光将发生散射并有散射角形成,其大小与颗粒的大小有关,颗粒越大,散射角越小。研究表明,散射光的强度代表该粒径颗粒的数量。在不同的角度上测量散射光强度,就可以得到粉末粒度的分布。在粉末的物理性质中,粒度分布是基本特性之一,它可以体现粉末本身的性质,同时对以粉体为原料的制品的质量也有影响。本书所使用的仪器是岛津激光衍射式粒度分布测量仪 SALD - 7101,它测量的动态范围宽,测量速度快、操作方便,尤其适合测量粒度分布范围宽的粉体和液体雾滴。

(2) X 射线衍射分析

X 射线衍射(X - ray diffraction, XRD) 分析是对材料晶体结构、微观组织等进行研究的基本手段。通常采用特定波长的 X 射线(铜靶的K射线)射入晶体时,波长和晶格尺寸接近的X射线由于平行的晶面而被反射出去,就会有光程差产生。在光程差为$n\lambda$(n为整数,λ为波长)时,即发生了X射线的衍射。由已知晶体的晶面间距d来测量θ角,进一步计算出特征X-射线的波长,通过与数据库对比可查出试样中所含的元素。本书使用德国布鲁克公司的D8 advance型X射线衍射仪对$CuIn_{1-x}Ga_xSe_2$薄膜结构进行分析。

(3) 扫描电子显微镜分析

扫描电子显微镜(scanning electron microscope,SEM)是经常被用来观察薄膜质量、表面形貌、晶粒大小和断面等的仪器。其原理是利用电子束扫描样品表面,激发出各种物理信号(主要是用来调制成像的二次电子、背散射电子),通过对这些信号的接收、放大和显示成像,呈现样品的表面形貌和特征。本书所用QUANTA400型扫描电镜是由FEI香港有限公司生产的,并配有能谱仪及背散射取向分析系统,用其可得到铜铟镓硒薄膜的表面形貌和成分。

(4) 能谱分析

能谱分析(energy dispersive X-ray analysis,EDAX)是用来分析薄膜的元素组成、分布和均匀性的,和表面形貌相结合可以较准确地判定相关微区结构的成分。

(5) 紫外光谱分析

紫外光谱分析仪可以分析薄膜的光学特性。本书所用的仪器是Lambda750S型紫外光谱仪,测试波长范围为300~1500 nm,步长为2 nm。通过测量不同光波波长下的薄膜透射率,可计算出薄膜的吸收系数,进而得出薄膜的禁带宽度。

2.2　前驱体料浆粒度的影响因素

前驱体料浆的粒度分布直接影响薄膜的成膜性,$CuIn_{1-x}Ga_xSe_2$薄膜的最佳厚度为1~2 μm,因此料浆的最佳粒度分布应该在1 μm之下。影响料浆粒度分布的主要因素为球料比和球磨时间,影响料浆中微纳米颗粒团聚的主要因素是放置时间及所添加的分散剂。

研究发现，随着球料比的增大，料浆的粒度在 1 μm 以下的比例逐渐增大，球料比为 30∶1 时，料浆粒度分布较好。图 2.3 为球料比为 30∶1、球磨时间为 8 h 的料浆的粒度分布，从图中可以看出料浆粒度在 1 μm 以下的比例高达 70% 左右。实际上前驱体料浆的微粒尺寸要小于测出的微粒尺寸，原因是静置粒子间发生了团聚现象。

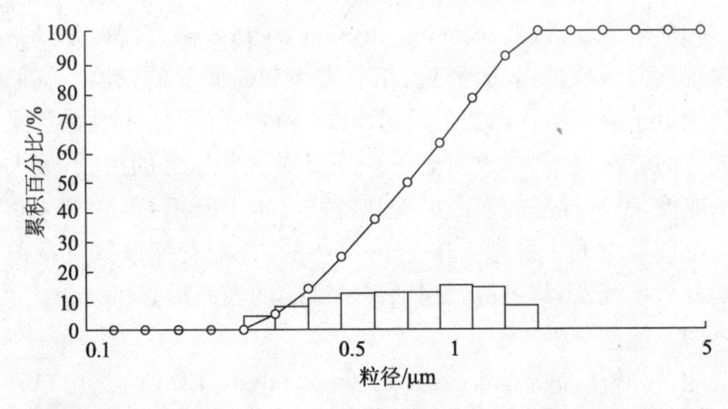

图 2.3　球料比为 30∶1、球磨时间为 8 h 的料浆粒度的分布

图 2.4 为前驱体料浆静置不同时间后团聚颗粒的扫描电镜图，粒度大小列于表 2.1 中。从图中可以观察到研磨过程结束时，料浆中颗粒度最小达到 26.7 nm，但随着静置时间的延长，粒度在不断变大。这是因为纳米颗粒非常小，表面原子比例较大，导致比表面积大，表面能大，所以纳米颗粒处于能量不稳定状态，细小的颗粒有聚集在一起的趋势，很容易发生团聚，形成粒径较大的颗粒。当静置时间大于 72 h，颗粒团聚现象变得不太明显，最小的颗粒尺寸基本维持在 350 nm 左右。微粒之间既存在范德瓦尔斯力，还存在着由双电层而产生的斥力。当微粒之间相距很近时，斥力大于引力，微粒之间互相排斥，微粒趋于分散；当微粒之间距离过大时，引力大于斥力，微粒互相吸引，微粒趋于团聚。斥力和引力相等时，体系达到稳定状态。

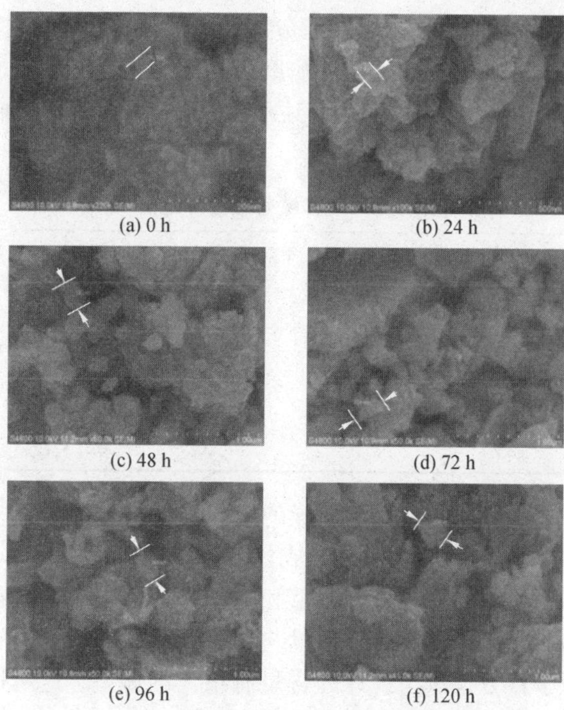

(a) 0 h　(b) 24 h　(c) 48 h　(d) 72 h　(e) 96 h　(f) 120 h

图2.4　静置不同时间后料浆中颗粒的扫描电镜图

表2.1　静置不同时间后颗粒的尺寸

静置时间/h	0	24	48	72	96	120
团聚粒度/nm	26.7	71.7	282	334	345	356

可以通过添加有机分散剂来改善料浆的静置时间,抑制纳米颗粒的团聚。通过研究添加分散剂聚乙二醇后料浆粒度随静置时间的变化规律,发现加入分散剂后,料浆粒度随着静置时间的延长并没有发生太大变化,这说明分散剂可以有效地改善微粒的团聚现象。

2.3　化学成分对 $CuIn_{1-x}Ga_xSe_2$ 薄膜特性的影响规律分析

本书通过设计三种不同的 In、Ga 原子比(In/Ga)制备了

$CuIn_{1-x}Ga_xSe_2$薄膜,研究化学成分对$CuIn_{1-x}Ga_xSe_2$薄膜性能的影响,具体编号和配比见表2.2。研磨得到的前驱体料浆通过旋涂工艺制成前驱体薄膜,然后采用前述三步法退火,采用氩气作为保护气体。

表2.2 试样编号和设计配比

样品	设计元素含量/at.%				原子比例
	Cu	In	Ga	Se	In/Ga
A	25	17.5	7.5	62.5	0.7:0.3
B	25	12.5	12.5	62.5	0.5:0.5
C	25	7.5	17.5	62.5	0.3:0.7

2.3.1 $CuIn_{1-x}Ga_xSe_2$薄膜的成分分析

采用能谱仪测试薄膜的化学成分,表2.3中列出了$CuIn_{1-x}Ga_xSe_2$薄膜中各种元素的原子百分含量和摩尔比。从表中可以看出,Cu、In、Ga三种元素的原子百分含量与原始设计含量非常接近,但Se元素的原子百分含量与设计的含量有很大的偏差。这可以通过下面的反应方程式得到很好的解释。

$$CuSe + \frac{1-x}{2}In_2Se_3 + \frac{x}{2}Ga_2Se_3 \xlongequal{\text{高温}} CuIn_{1-x}Ga_xSe_2 + \frac{1}{2}Se\uparrow$$

式中x表示Ga原子的含量,x取0.3、0.5、0.7,分别对应样品A、样品B和样品C。

CuSe、In_2Se_3和Ga_2Se_3在高温条件下反应时,会有一部分Se单质生成,但Se在高温条件下很容易从样品中挥发,使所得$CuIn_{1-x}Ga_xSe_2$薄膜中的Se含量比原始设计的含量少得多,所以在设计三种原材料的比例时,需要提高Se含量。表2.2设计的原料配比有三个优点:第一,通常情况下,前驱体薄膜在高温退火过程中会出现Se的挥发,导致薄膜贫Se,设计的Se过量,可避免薄膜偏离化学计量比;第二,一般情况下,在高温退火过程中,需要引入Se源来避免薄膜贫Se的现象出现,通过化学反应生成的Se蒸气刚好反过来为薄膜提供了Se源,避免了添加Se源的问题;第三,在

Mo背电极上制备$CuIn_{1-x}Ga_xSe_2$薄膜时,多余的Se可以和Mo在高温条件下反应生成$MoSe_2$,有研究表明,$MoSe_2$对吸收层和背电极之间形成欧姆接触有很好的促进作用。从表2.3可以看出,退火后$CuIn_{1-x}Ga_xSe_2$薄膜的各元素成分接近$CuIn_{1-x}Ga_xSe_2$的最佳化学计量比1:0.7:0.3:2。

表2.3 不同In/Ga原子比例下$CuIn_{1-x}Ga_xSe_2$薄膜的成分

样品	原子百分含量/at.%				原子比例
	Cu	In	Ga	Se	Cu/In/Ga/Se
A	24.69	17.46	7.92	49.93	0.9876:0.6984:0.3168:1.9972
B	24.98	13.03	12.32	49.67	0.9992:0.5212:0.4928:1.9868
C	24.15	7.96	18.11	49.78	0.9660:0.3184:0.7244:1.9912

2.3.2 $CuIn_{1-x}Ga_xSe_2$薄膜的相结构

图2.5为不同In/Ga原子比例的前驱体薄膜在500 ℃条件下退火30 min得到的$CuIn_{1-x}Ga_xSe_2$薄膜的XRD图谱。选取的扫描范围为20°~80°,扫描间隔为0.01°。通过与标准PDF卡相比对,可以发现图2.5a中的衍射峰分别与黄铜矿结构的$CuIn_{0.7}Ga_{0.3}Se_2$的(112)、(211)、(220)/(204)、(116)/(312)、(400)、(316)/(332)这几个晶面相对应,(112)衍射峰尖锐狭窄,薄膜延(112)晶相择优生长,说明制备出的$CuIn_{0.7}Ga_{0.3}Se_2$薄膜属于黄铜矿结构,结晶性良好且没有杂相。当In/Ga原子比例变为0.5:0.5时,黄铜矿结构的(112)、(220)/(204)、(116)/(312)、(316)/(332)这几个衍射峰依然存在,但(211)、(400)两个衍射峰变得不太明显。当In/Ga原子比例变为0.3:0.7时,(316)/(332)特征峰也变得不太明显,并且(220)/(204)、(116)/(312)两个衍射峰变得很不规则,峰强也变得很弱,衍射峰有逐步展宽的趋势。这说明在同一制备条件下,随着Ga含量的增加,薄膜的结晶性越来越差,这可能是因为Ga的原子半径比In的小,掺杂后导致晶格扭曲越来越严重。

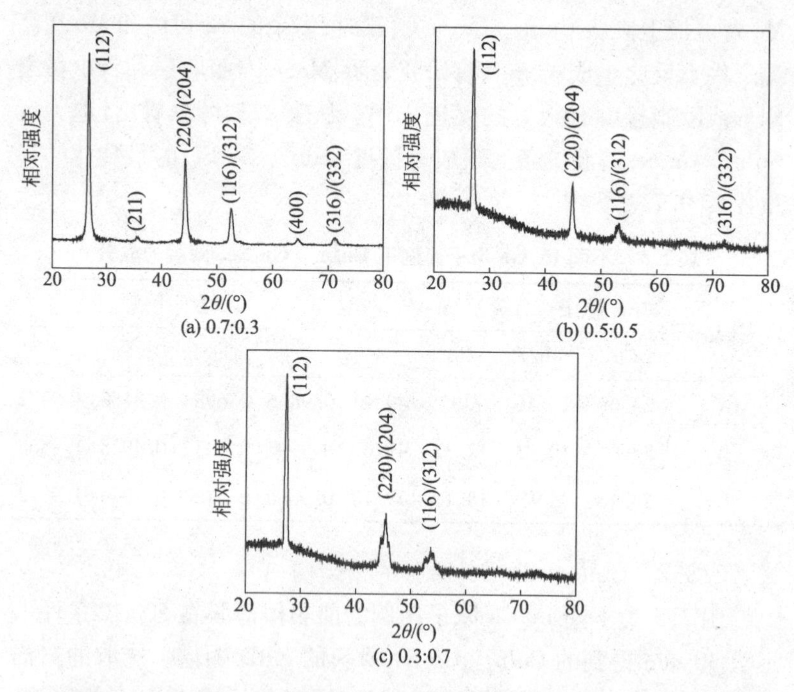

图 2.5　不同 In/Ga 原子比例的 $CuIn_{1-x}Ga_xSe_2$ 薄膜的 XRD 图谱

从图 2.6a 可以看出,随着 In/Ga 原子比例的逐步增大,黄铜矿结构的(112)峰的强度越来越强,峰型越来越尖锐,且出现了更多黄铜矿结构的相,如(101)、(211)、(400)等衍射峰。这说明随着 Ga 含量的减少,薄膜的结晶性逐步增强。同时,从图 2.6b 中还可以明显地观察到,随着 Ga 含量的增加,黄铜矿结构的(112)衍射峰向大的衍射角方向偏移,这是由于 Ga 的原子半径(0.062 nm)比 In 的原子半径(0.081 nm)小,当 Ga 原子替代 In 原子后,必然会引起晶格的形变收缩,从而造成晶面间距的减小。由布拉格衍射公式可知,当衍射波长一定时,晶面间距减小,必然会导致衍射角增大,即在图 2.6b 中表现为衍射峰向大衍射角度方向偏移。

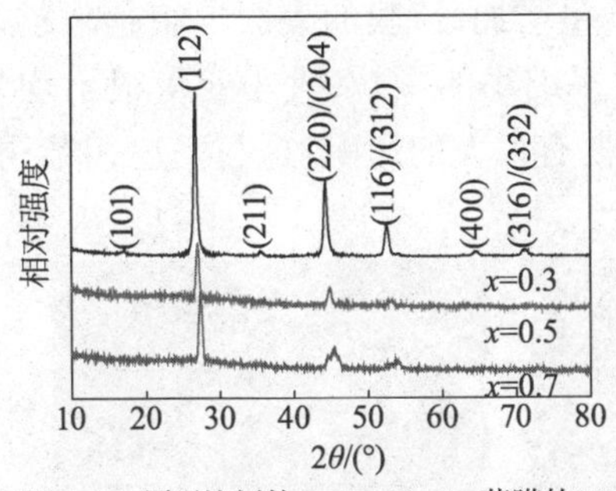

(a) 不同In/Ga原子比例的$CuIn_{1-x}Ga_xSe_2$薄膜的XRD图谱

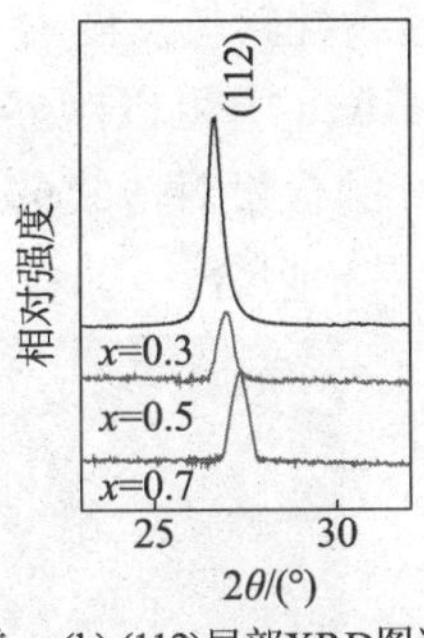

(b) (112)局部XRD图谱

图2.6 $CuIn_{1-x}Ca_xSe_2$ 薄膜的XRD图谱和(112)局部XRD图谱

通过迪拜-谢乐公式可计算得到三种不同In/Ga原子比例的薄膜对应的晶面的晶粒尺寸,迪拜-谢乐公式如下:

$$\text{晶粒尺寸} = \frac{K \times \lambda}{FWHM \times \cos\theta} \tag{2.1}$$

式中:K为常数,一般取0.89;λ为X射线波长(1.5406×10^{-10} m);$FWHM$为衍射峰的半峰宽;θ为对应晶面与X射线的夹角。

表2.4列出了不同In/Ga原子比例的$CuIn_{1-x}Ga_xSe_2$薄膜所对应的(112)衍射峰的2θ角及晶粒尺寸大小。从表中可以看出(112)峰对应的2θ角随着Ga含量的增加逐步增大,晶粒尺寸随着Ga含量的增加有减小的趋势。这与上面的XRD的分析结果相一致。

表2.4 (112)峰衍射角和平均晶粒尺寸

样品	A	B	C
(112)峰衍射角2θ/(°)	26.64	26.98	27.34
晶粒尺寸/nm	152	124.3	85.3

2.3.3 $CuIn_{1-x}Ga_xSe_2$薄膜的表面形貌及光学特性

图2.7为不同In/Ga原子比例的$CuIn_{1-x}Ga_xSe_2$薄膜的表面形貌,放大倍数为10000倍。从图2.7a可以看出,当In/Ga原子比例为0.7:0.3时,薄膜表面较为平整,晶粒大小一致且分布较为均匀,但由于旋涂工艺难以形成致密性较好的薄膜,所以有少量空

洞,连续性较差。随着 Ga 含量增加,薄膜的表面形貌越来越差,在图 2.7b、c 中可以观察到很多细小的颗粒,大小变得很不均匀,说明 Ga 的含量对薄膜的结晶性有很大的影响,这与上述相结构的分析结果相吻合。

(a) 0.7:0.3　(b) 0.5:0.5　(c) 0.3:0.7

图 2.7　不同 In/Ga 原子比例的 $CuIn_{1-x}Ga_xSe_2$ 薄膜的表面形貌

光吸收是衡量薄膜电池光吸收层性能的一个重要参数,采用紫外可见分光光度计测试薄膜的透射率随入射波长的变化关系。在一定的波长范围内,薄膜的光吸收系数 α 与反射率、透射率的关系如下:

$$\alpha = \frac{1}{d}\ln\left[\frac{(1-R)^2}{T}\right] \tag{2.2}$$

式中:α 为薄膜的光吸收系数,d 为所测薄膜的厚度,T 为薄膜的透射率,R 为薄膜的反射率。

由于 $CuIn_{1-x}Ga_xSe_2$ 薄膜的光吸收系数很高,所以对可见光的透射率和反射率都很小,式(2.2)可以进一步简化为

$$\alpha = \frac{1}{d}\ln\left(\frac{1}{T}\right) \tag{2.3}$$

可以从薄膜的光吸收系数得到薄膜的光学带隙。光吸收系数

α 和光学带隙 E_g 的关系可以用下面的公式来表示：

$$\alpha h v = A(h v - E_g)^{1/n} \tag{2.4}$$

式中：hv 为入射光子的能量，n 为2（直接带隙半导体材料）或1/2（间接带隙半导体材料），A 为与材料相关的常数。

一般的处理方法：先画出 $(\alpha h v)^n$ 随 hv 变化的关系曲线，然后对曲线进行线性拟合，线性部分反向延长，延长线与水平轴的交点即为所对应薄膜的光学带隙数值。

图2.8为不同In/Ga原子比例的前驱体薄膜在500 ℃条件下退火30 min得到的 $CuIn_{1-x}Ga_xSe_2$ 薄膜的 $(\alpha h v)^2-hv$ 曲线图。从图中可以看出，随着Ga含量的增加，薄膜的光学带隙在逐步增大，分别为1.17 eV(In/Ga=0.7∶0.3)、1.36 eV(In/Ga=0.5∶0.5)和1.45 eV(In/Ga=0.3∶0.7)。

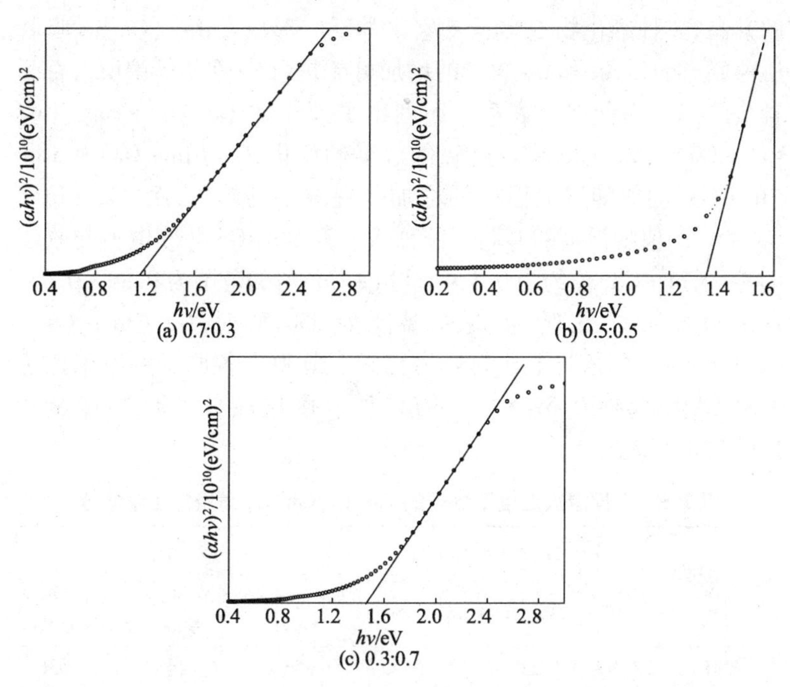

图2.8 不同In/Ga原子比例的 $CuIn_{1-x}Ga_xSe_2$ 薄膜的 $(\alpha h v)^2-hv$ 曲线

2.4 热处理温度对 $CuIn_{1-x}Ga_xSe_2$ 薄膜特性的影响规律分析

2.4.1 热处理温度对 $CuIn_{1-x}Ga_xSe_2$ 薄膜成分的影响

对前驱体薄膜在不同热处理温度下进行退火处理,薄膜中各元素的原子百分含量列于表 2.5 中。为了便于直观地分析各种元素的变化情况,画出了元素含量随退火温度的变化曲线,如图 2.9 所示。通过分析表 2.5 中数据可以发现,随着退火温度的升高,Se 的含量在不断减少,而 Cu、In 和 Ga 的含量是在慢慢增加的,这与预期的结果相一致。这是由于在生成 $CuIn_{1-x}Ga_xSe_2$ 的过程中,有一部分 Se 被氧化,在高温条件下挥发出去。同时也说明随着温度的升高,三种硒化物更容易发生化学反应形成 $CuIn_{1-x}Ga_xSe_2$ 吸收层薄膜,而 Cu、In 和 Ga 含量的增加可能是由 Se 在整体中所占百分含量的减小引起的。表 2.5 还列出了原子比 Ga/(In + Ga)、Cu/(In + Ga)、(Cu + In + Ga)/Se 随温度的变化,Ga/(In + Ga) 和 Cu/(In + Ga) 的值随退火温度的增加呈现减小的趋势,而 (Cu + In + Ga)/Se 的值随温度的升高不断增大。高效 CIGS 薄膜电池吸收层的 Ga/(In + Ga) 值约为 0.3,Cu/(In + Ga) 值的范围为 0.88 ~ 0.95。通过对比可以发现,在退火温度为 550 ℃时,Ga/(In + Ga)、Cu/(In + Ga) 的值与上述值最为接近。薄膜中各原子的摩尔比为 0.9876 : 0.6984 : 0.3168 : 1.9972,非常接近最佳的化学计量比 1 : 0.7 : 0.3 : 2。

表 2.5 不同退火温度下制备的 $CuIn_{1-x}Ga_xSe_2$ 薄膜的化学成分

退火温度/℃	原子百分含量/at.%				原子比		
	Cu	In	Ga	Se	Ga/(In + Ga)	Cu/(In + Ga)	(Cu + In + Ga)/Se
250	21.99	12.23	6.99	58.57	0.36368	1.14412	0.7036
300	23.51	13.93	6.68	55.88	0.32411	1.14071	0.78955
350	24.94	14.11	7.42	53.53	0.34464	1.15838	0.86811

续表

退火温度/℃	原子百分含量/at. %				原子比		
	Cu	In	Ga	Se	Ga/(In + Ga)	Cu/(In + Ga)	(Cu + In + Ga)/Se
400	24. 63	14. 05	7. 2	54. 13	0. 33882	1. 15906	0. 84759
450	24. 01	14. 3	8. 2	53. 49	0. 36444	1. 06711	0. 86951
500	24. 69	17. 46	7. 92	49. 93	0. 31206	0. 97281	1. 0028
550	29. 68	17. 59	9. 11	43. 62	0. 3412	1. 11161	1. 29253
600	36. 23	27. 12	10. 12	26. 52	0. 27175	0. 97288	2. 77036

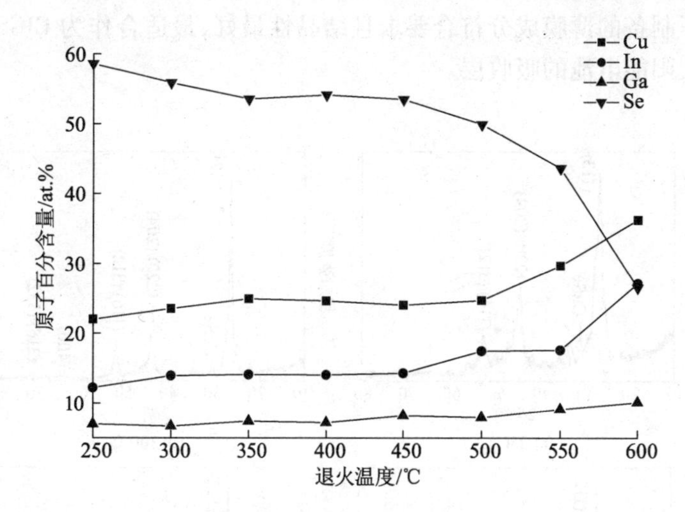

图 2.9　$CuIn_{1-x}Ga_xSe_2$ 薄膜中各元素含量随退火温度的变化曲线

2.4.2　热处理温度对 $CuIn_{1-x}Ga_xSe_2$ 薄膜相结构的影响

图 2.10 为不同退火温度下制备的 $CuIn_{1-x}Ga_xSe_2$ 薄膜的 XRD 图谱。通过与标准 PDF 卡片对照发现，在退火温度为 250 ℃时，黄铜矿结构的(112)、(220)/(204)、(116)/(312)三个主要衍射峰已经出现，说明这时已经有 $Cu(In_{0.7}Ga_{0.3})Se_2$ 相生成，但由于温度过低，不足以提供化学反应所需要的能量，所以薄膜中还有 CuSe 二元杂相的存在。为了方便对比研究，绘制了图 2.11，从图 2.11 可

以明显地看出，250 ℃退火条件下，三个主要衍射峰强度很弱且峰型很不规则，说明结晶性很差。随着退火温度的升高，杂相逐渐消失，当温度增加到400 ℃时，杂相基本消失，黄铜矿结构的(101)、(211)、(400)和(316)/(332)衍射峰相继出现，说明温度的升高有助于提高薄膜的结晶性。当温度上升到500 ℃时，(112)峰变得尖锐且狭窄，其他黄铜矿结构的峰也有所增强。但是随着温度进一步升高，CuSe、$Cu_{1-x}Se$ 等二元杂相又会出现。这可能是由于在600 ℃时，根据前面的分析可知薄膜是富铜的，有研究表明，在薄膜富铜的情况下，容易形成铜的硒化物，影响电池的串联电阻。结合前面成分分析的结果，可以得出这样的结论：退火温度为500 ℃条件下制备的薄膜成分符合要求且结晶性最好，最适合作为CIGS薄膜太阳能电池的吸收层。

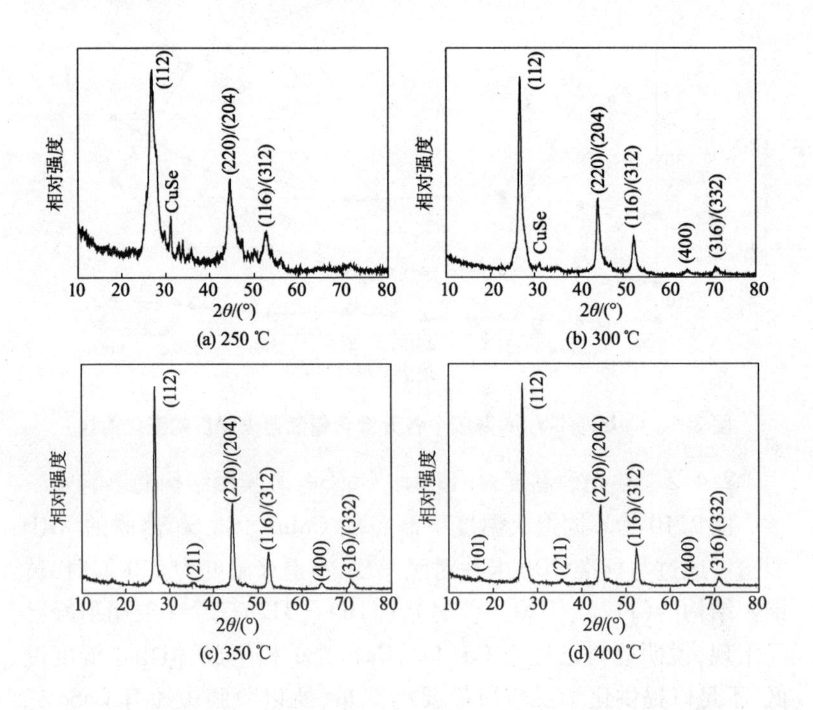

(a) 250 ℃　(b) 300 ℃　(c) 350 ℃　(d) 400 ℃

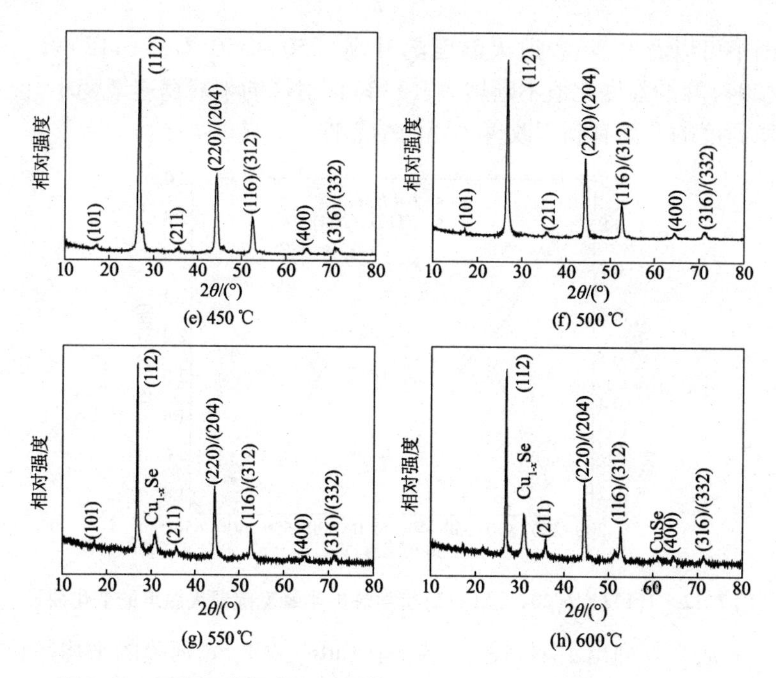

图2.10 不同退火温度下制备的$CuIn_{1-x}Ga_xSe_2$薄膜的XRD图谱

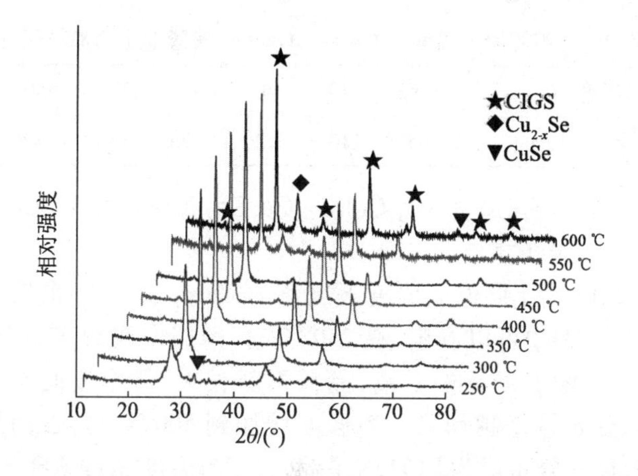

图2.11 不同退火温度下制备的$CuIn_{1-x}Ga_xSe_2$薄膜的XRD图谱对比

图2.12给出了$CuIn_{1-x}Ga_xSe_2$薄膜的(112)与(204)衍射峰强比值及(112)衍射峰的半峰宽*FWHM*随退火温度的变化曲线。从

图中可以看出，随着退火温度的升高（250～550 ℃），(112)峰与(204)峰的强度比值不断增大，(112)衍射峰的半缝宽逐渐变小，说明温度的升高有利于改善薄膜的结晶性。

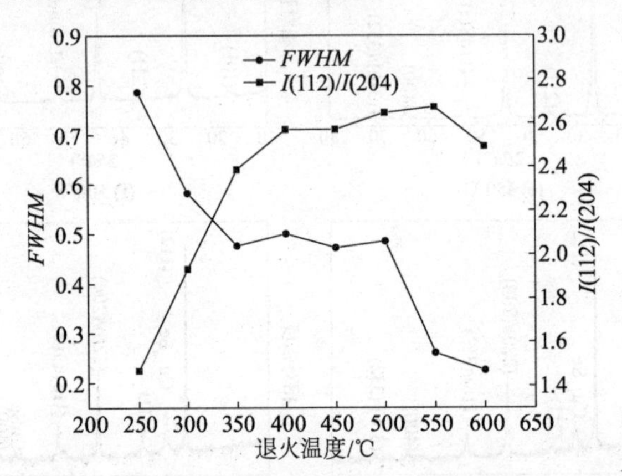

图 2.12　I(112)/I(204)及(112)衍射峰的半峰宽随退火温度的变化曲线

表 2.6 列出了不同退火温度下 $CuIn_{1-x}Ga_xSe_2$ 薄膜的平均晶粒尺寸，可以看出随着温度的升高，平均晶粒尺寸不断增大。

表 2.6　不同退火温度下 $CuIn_{1-x}Ga_xSe_2$ 薄膜的平均晶粒尺寸

退火温度/℃	250	300	350	400	450	500	550	600
平均晶粒尺寸/nm	38	65.4	113.8	129	135	152	184.6	240.25

2.4.3　热处理温度对 $CuIn_{1-x}Ga_xSe_2$ 薄膜表面形貌及光学特性的影响

图 2.13 为不同退火温度下制备的 $CuIn_{1-x}Ga_xSe_2$ 薄膜的表面形貌图。从图中可以看出，在 250 ℃时，薄膜空洞较多，颗粒分布很不均匀。随着温度的升高，晶粒不断长大，薄膜表面越来越平整，颗粒分布越来越均匀。当温度增加到 500 ℃时，表面最为平整，晶粒尺寸分布最为均匀，空洞较少。当温度超过 500 ℃，表面又会有一些细小的颗粒产生，结合前面的能谱分析和 XRD 结果分析可知，这些小颗粒极有可能是铜的硒化物。这些硒化物会影响吸收层和缓冲层的接触。更重要的是，这些样品表面的硒化物会

在晶界处形成复合中心,增加载流子的复合概率,直接导致光电流减小,从而影响电池效率。

(a) 250 ℃　(b) 300 ℃

(c) 350 ℃　(d) 400 ℃

(e) 450 ℃　(f) 500 ℃

(g) 550 ℃　(h) 600 ℃

图 2.13　不同退火温度下制备的 $CuIn_{1-x}Ga_xSe_2$ 薄膜的表面形貌

图 2.14 为不同退火温度下制备的 $CuIn_{1-x}Ga_xSe_2$ 薄膜的 $(\alpha hv)^2-hv$ 曲线图。从图中可以看出,退火温度为 450 ℃、500 ℃、550 ℃和 600 ℃时,对应薄膜的光学带隙分别为 0.95 eV、1.17 eV、

1.2 eV 和 1.26 eV，光学带隙随着温度的升高逐渐变大。退火温度为 500 ℃时，薄膜的光学带隙值与文献报道的高效率铜铟镓硒薄膜电池的带隙值最为相近。结合前面 EDS、XRD 和 SEM 的结果可以看出，在温度为 500 ℃ 的条件下退火 30 min 制备出来的 $CuIn_{1-x}Ga_xSe_2$ 薄膜质量最好，适合作为后续薄膜电池的吸收层。

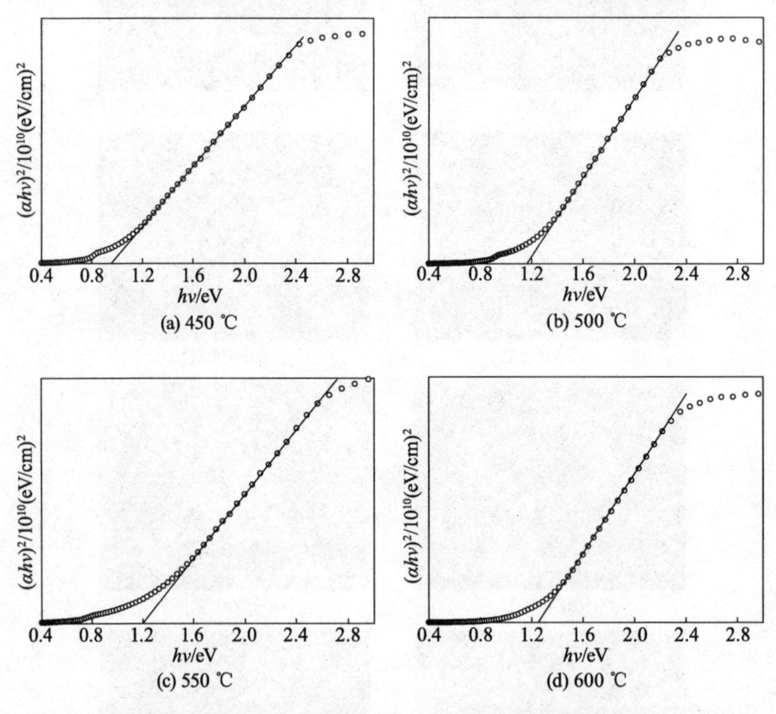

图 2.14　不同退火温度下制备的 $CuIn_{1-x}Ga_xSe_2$ 薄膜的 $(\alpha h\nu)^2-h\nu$ 曲线

2.5　$CuIn_{1-x}Ga_xSe_2$ 薄膜特性的改善技术

旋转涂覆工艺属于自然成膜，所以制备的薄膜表面粗糙，而且很不平整，这些缺点都可以从前面的 SEM 图像中看出。制备表面平整的吸收层对制备高效薄膜电池起着非常重要的作用，可以通过压制工艺来改善薄膜的表面形貌。

采用纯度为 99.99%、面积为 1 cm × 1 cm 的经过打磨处理的 Mo 片作为基底，将 In/Ga 原子比例为 0.7∶0.3 的前驱体浆料旋涂在清洗干净的 Mo 基底上，随后对形成的前驱体薄膜施加不同的轴向压力进行压制处理，使得原料颗粒结合紧密，这样一方面有助于热处理时原料的相互反应，同时还能增加薄膜的附着力，另一方面可以使前驱体薄膜表面平整、光滑。

图 2.15 是不同压力单向压制的前驱体薄膜在 500 ℃退火得到的 $CuIn_{0.7}Ga_{0.3}Se_2$ 薄膜放大倍数为 5000 倍的扫描电镜图像。从图中可以看到，热处理前没有经过压制的薄膜表面粗糙，晶粒之间存在很多空隙，没有形成连续的薄膜，而且薄膜很容易脱落。从图 2.15 可以看出，随着对前驱体薄膜施加的轴向压力不断增大，退火后薄膜的表面越来越平整，空洞越来越少，薄膜的致密度得到很大的改善，但在 250 MPa 之前薄膜表面基本以颗粒为主，薄膜连续性不太好。当压制压力增大到 300 MPa 以上时，薄膜局部开始连续，但四周还呈现较多空隙。随着压力继续增大，薄膜空隙越来越少，连续性趋于逐步扩大，到 500 MPa 时，薄膜密度连续，空隙基本消失。但如果继续增大压制压力，Mo 基底和前驱体薄膜的弹性形变将增大，致使前驱体薄膜脱落，所以压制时采用 500 MPa 单向压力压制是比较好的。

(a) 0 MPa　(b) 100 MPa　(c) 150 MPa　(d) 200 MPa

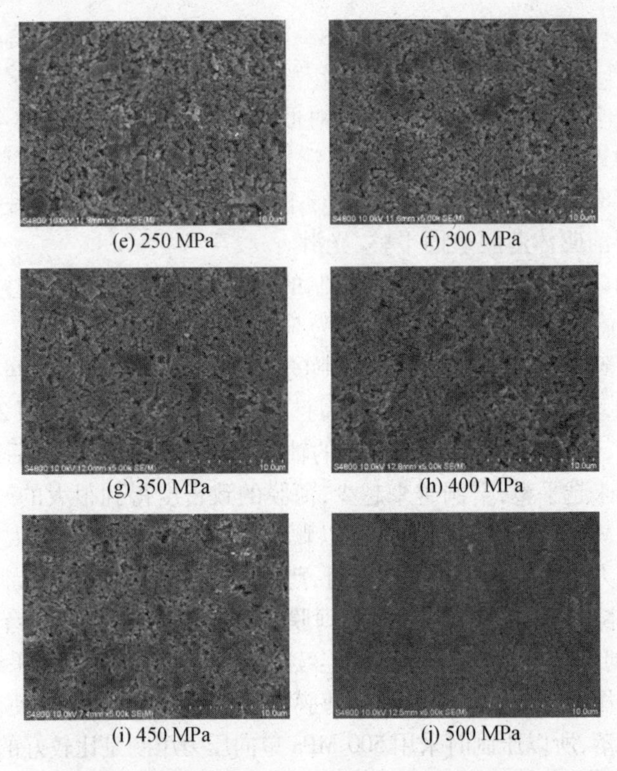

图 2.15　不同压力单向压制后 500 ℃退火得到的 $CuIn_{0.7}Ga_{0.3}Se_2$ 薄膜的 SEM 图像

由于采用的压制压力过大，所以该方法的局限是只适用于钼片等金属柔性衬底，而不适用于玻璃衬底。玻璃衬底所能承受的压力过小，压制不能得到明显的效果。对玻璃衬底的薄膜尝试使用烧结过程中金属块压制的方法以提高薄膜的致密度。试验装置如图 2.16 所示，在烧结过程中，在预制膜样品上加一个金属块作为负载。其压力较之后期压制虽然大为减小，但压力在整个成相结晶反应中一直存在，即在原料反应的同时进行了热压处理。较小的压力一方面不会破坏 CIGS 薄膜的成相和结晶生长，另一方面又能减少孔洞的出现，使薄膜结构更加致密，以改善 $CuIn_{1-x}Ga_xSe_2$ 薄膜的性能。

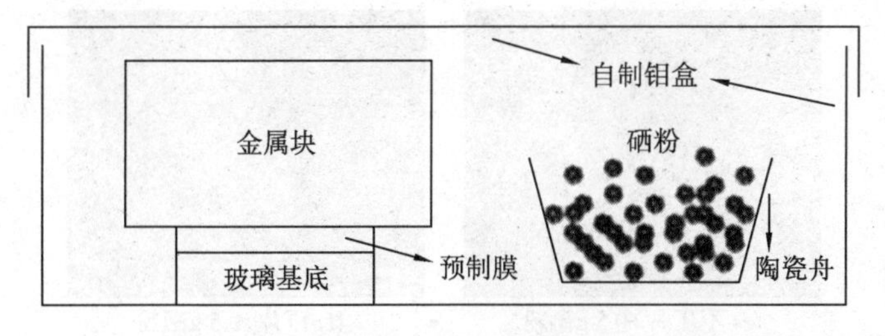

图 2.16　热处理过程中有负载的试验装置

图 2.17 为有无负载压片的样品在不同硒粉量硒化下的 SEM 截面扫描图。从图中可以发现,无负载压片处理的样品,虽然薄膜本身颗粒间的黏合性较好,但与玻璃基底间黏附性较差,各样品均或多或少地出现了薄膜与基底脱离的现象。而有负载压片处理的样品则呈现出相对更好的性质:薄膜本身黏合性较高,与基底的黏附性也较好,且可见表面的粗糙度较低,薄膜无明显裂痕,薄膜内的孔洞数量明显小于无负载样品。由于负载的压力,有负载样品的薄膜平均厚度略小于无负载样品。由 SEM 图片可以看出,热处理过程中引入负载做压片处理,具有一定的优势。

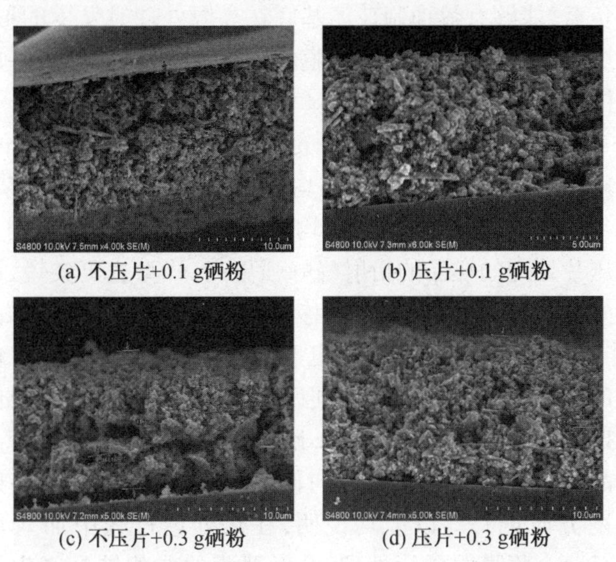

(a) 不压片+0.1 g硒粉　(b) 压片+0.1 g硒粉

(c) 不压片+0.3 g硒粉　(d) 压片+0.3 g硒粉

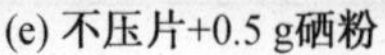
(e) 不压片+0.5 g硒粉

(f) 压片+0.5 g硒粉

图 2.17　有无负载压片下 CIGS 薄膜的表面形貌

在烧结过程中，加入金属块作为负载，对 $CuIn_{1-x}Ga_xSe_2$ 薄膜进行压制处理，同时采用不同的硒粉量进行硒化。由于负载金属块直接与薄膜表面紧密接触，一方面影响了薄膜表面的 Se 蒸气分压，另一方面阻碍了有机溶剂中的碳元素逸出，导致薄膜的成相结晶受到一定影响。因此接下来研究压片处理对 $CuIn_{1-x}Ga_xSe_2$ 薄膜的相结构、成分、光学性能及电学性能的影响规律（见图 2.18、图 2.19、表 2.7、表 2.8）。研究发现烧结过程中 Se 元素含量明显降低，C 元素残留明显增加，薄膜的带隙也减小了约 0.1 eV。但热处理中的负载，能够有效抑制玻璃基底在高温处理时发生的形变，能有效减少薄膜中的孔洞，增加薄膜的致密性，增强薄膜与基底的黏附性，并能改善薄膜的电学性能。

图 2.18 为有无负载压片的样品在不同硒粉量硒化下的 XRD 图谱。从图中可以看出，各样品均成相较好，无明显可见杂峰，各衍射峰与 PDF 标准卡对应良好，均沿(112)晶面择优取向明显。但无负载压片处理的样品的衍射峰峰强更高，峰型也更尖锐，说明其成相更好。(112)衍射峰峰位偏移量，无负载压片处理的样品也更小，其半峰宽也更窄，晶粒尺寸也明显更大，甚至成倍于有负载压片处理的样品。两组样品在不同硒粉量硒化时(112)主峰偏移量上呈现出类似的规律：均在 0.3 g 硒粉硒化时最接近标准峰。但无负载样品的衍射峰向大角度方向偏移，而有负载样品的衍射峰则向小角度方向偏移。以上均说明，在热处理过程中加入负载对 $CuIn_{1-x}Ga_xSe_2$ 薄膜做压片处理，会对薄膜的成相结晶产生不利的

影响。但单就有负载样品的 XRD 图谱而言,样品的成相仍处于良好范围内。

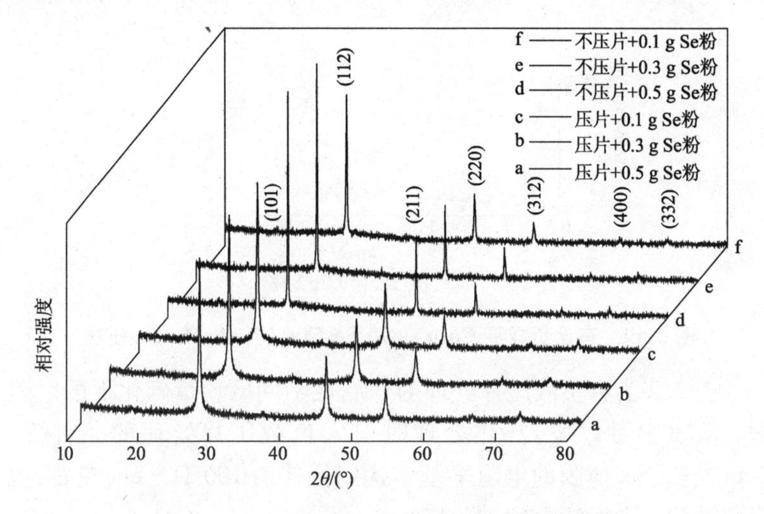

图 2.18　有无负载下 CIGS 薄膜的 XRD 图谱

图 2.19 为有无负载压片的样品硒化后的带隙拟合图。从图中可以看出,没有负载做压片处理的样品的薄膜带隙处于理论计算值范围内,而有负载做压片处理的样品的薄膜带隙则出现了明显的减小,减小值约为 0.1 eV,推测这可能是由样品缺 Se 导致的。

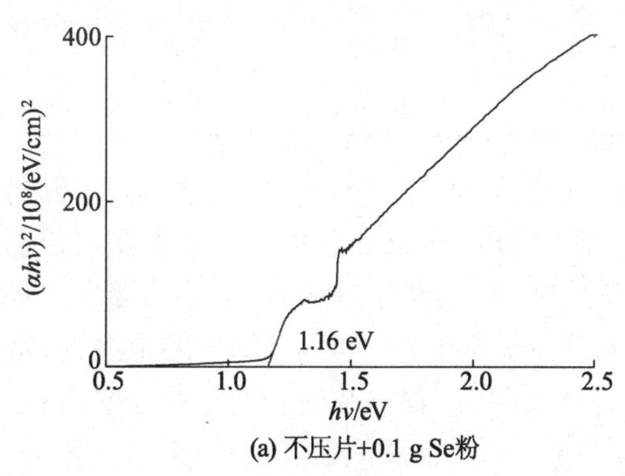

(a) 不压片+0.1 g Se粉

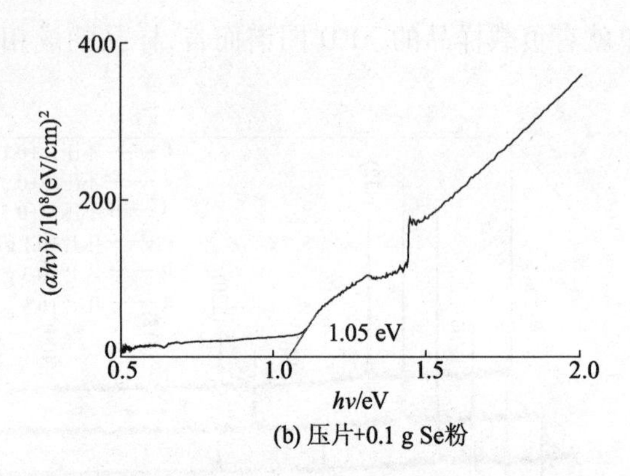

(b) 压片+0.1 g Se粉

图 2.19　有无负载下 $CuIn_{1-x}Ga_xSe_2$ 薄膜的$(\alpha h\nu)^2-h\nu$ 曲线

表 2.7 为有负载压片处理的样品在不同硒粉量硒化下的电阻率。从表中可以发现，热处理时引入负载压片处理的条件下，$CuIn_{1-x}Ga_xSe_2$薄膜的电阻率基本达到最佳值 100 Ω · cm 左右，说明薄膜的电学性能得到进一步改善。

表 2.7　有负载下 $CuIn_{1-x}Ga_xSe_2$ 薄膜的电阻率

样品	硒化硒粉量/g	测试条件		电阻率/(Ω · cm)
		恒流值/mA	放大倍数	
压片	0.1	0.01	7.63	82.19
	0.3	0.01	7.63	145.67
	0.5	0.01	7.63	116.89

表 2.8 为有无负载压片的样品在不同硒粉量硒化下 $CuIn_{1-x}Ga_xSe_2$薄膜的 EDS 成分分析表。从表中可以看出，热处理过程中有无负载对 Cu 元素含量和 Ga 元素含量的影响不大，样品的 Cu/(In + Ga)原子比仍处于 0.8 ~ 0.9 的范围内，贫 Ga 的状态有所改善，但仍然存在。有负载时，Se 元素含量出现了明显的降低，这可能是由于负载与薄膜间的紧密接触，造成 Se 蒸气不能在薄膜表面形成足够分压，Se 不易渗入样品中。C 元素的百分含量在有负载的样品中出现了 8% ~ 9% 的明显增长，推测同样也是由于

负载与薄膜间的紧密接触,有机溶剂分解后的产物不能及时有效地离开薄膜样品,部分被封在薄膜里面,造成了 C 残留的增加。

表 2.8　有无负载下 $CuIn_{1-x}Ga_xSe_2$ 薄膜的 EDS 成分分析

样品	硒化硒粉量/g	原子百分含量/at. %				
		Cu	In	Ga	Se	C
不压片	0.1	16.33	13.93	4.37	30.72	34.65
	0.3	18.02	14.76	5.05	28.26	33.91
	0.5	18.53	14.67	5.63	26.09	35.08
压片	0.1	15.72	12.15	3.80	24.78	43.56
	0.3	16.38	13.06	4.90	21.43	44.23

图 2.20 为有无负载压片样品的表面元素含量分布图。从图中可以看出,样品的各元素分布均匀,没有局部团聚现象。

涂覆作为一种非真空制备工艺具有成本低的优势,但与真空工艺相比,成膜性较差,薄膜致密性和表面平滑性较差。采用压制及烧结压片处理,可以明显改善薄膜的成膜质量,对薄膜的成分、相结构及光电性能都可以进行调控。

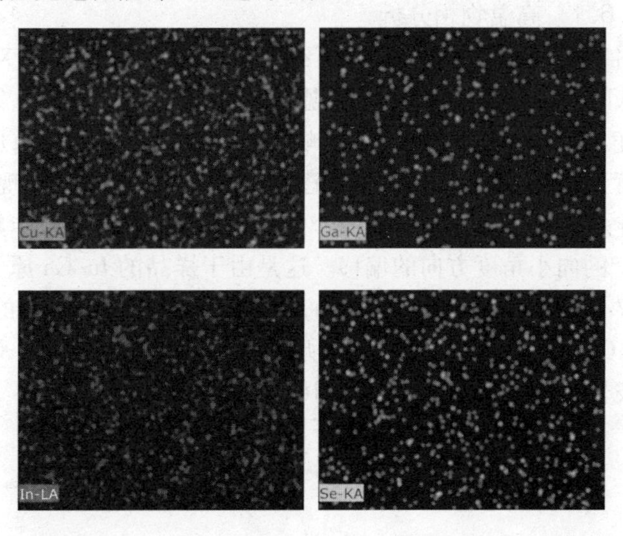

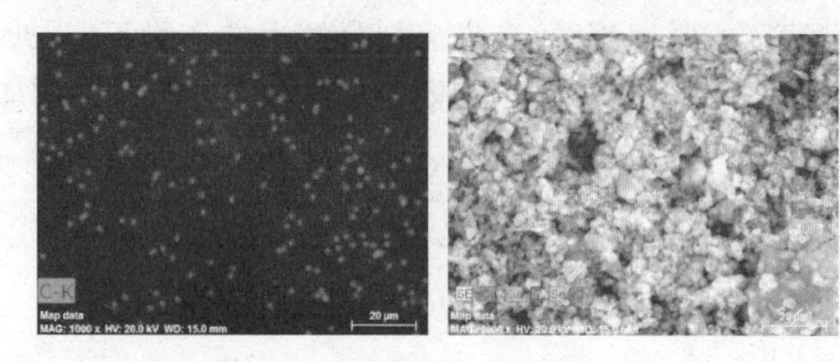

图 2.20 有无负载下 $CuIn_{1-x}Ca_xSe_2$ 薄膜的表面元素含量分布图

2.6 $CuIn_{1-x}Ga_xSe_2$ 薄膜的高温处理特性

常规的 $CuIn_{1-x}Ga_xSe_2$ 薄膜制备技术中,不论是真空制备技术还是非真空制备技术,薄膜的热处理温度一般都在 400 ℃和 550 ℃之间。本小节讨论的是比常规处理温度更高的处理温度下 $CuIn_{1-x}Ga_xSe_2$ 薄膜表现出的特性。球磨处理前按设计比例加入 $CuSe$、In_2Se_3、Ga_2Se_3 作为原料,而后对产生的料浆进行离心及干燥处理,再进行人工研磨,最后对得到的粉末直接进行高温烧结处理,最高温度达到 800 ℃。

2.6.1 高温物相分析

图 2.21 为不同烧结温度下纯 $CuIn_{1-x}Ga_xSe_2$ 粉末的 XRD 图谱。从图中可以看出,各个烧结温度下的样品均成相较好,结晶性也较好。随着温度的升高,衍射峰逐渐增强,变得更尖锐,原本淹没在背景噪音中的一些小峰也逐渐凸显出来,且并未出现杂峰。所有样品的(112)衍射峰峰位相对于 $CuIn_{0.7}Ga_{0.3}Se_2$ 标准卡峰位有约 0.1°的向小角度方向的偏移。这是由于样品的 In/Ga 原子比微大于 7/3,即离子半径更大的 In^{3+} 的占比比标准卡的标准 $CuIn_{0.7}Ga_{0.3}Se_2$ 更大一些,d 值有所增大,根据布拉格定律,XRD 的扫描波长 λ 一定,导致 θ 减小,即(112)衍射峰左移。

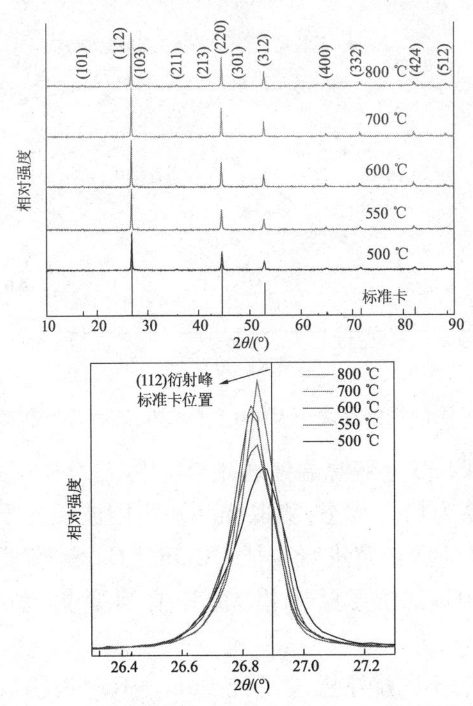

图 2.21　不同烧结温度下 $CuIn_{1-x}Ga_xSe_2$ 的 XRD 图谱

图 2.22 显示了不同烧结温度下 $CuIn_{1-x}Ga_xSe_2$ 的半峰宽和晶粒尺寸。从图中可以看出,随着烧结温度的升高,(112)衍射峰的半峰宽显著降低,说明样品 XRD 衍射峰随着烧结温度的升高而变得更尖锐,结晶状况更好。同时,晶粒尺寸随着烧结温度的升高而变大也证明了这一点。半峰宽和晶粒尺寸在烧结温度为 700 ℃时分别达到谷值和峰值,说明这一温度为最适宜的烧结温度。而关注次高峰,即(220)衍射峰的峰高,发现其规律也是这样,在 700 ℃时,(220)/(112)的峰值比达到最大,这样状态下的 $CuIn_{1-x}Ga_xSe_2$ 薄膜结晶状况更好,其在薄膜电池中达到的效果也更佳。

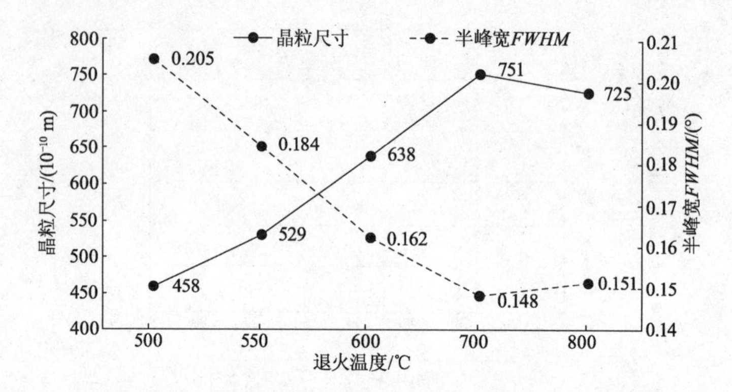

图 2.22　不同烧结温度下 $CuIn_{1-x}Ga_xSe_2$ 的半峰宽和晶粒尺寸

2.6.2　CIGS 薄膜高温处理光学特性

由于样品为粉末状态，测取样品在不同波长光下的反射曲线来对其光学性质和带宽进行表征。$CuIn_{1-x}Ga_xSe_2$ 薄膜的带隙大小与 Ga/(In + Ga) 的值直接相关，其值的变化范围为 1.02 ~ 1.67 eV。

图 2.23 为不同烧结温度下纯 $CuIn_{1-x}Ga_xSe_2$ 粉末的带隙拟合图。从图中可以看出，样品的带隙随烧结温度的升高变化不大，与半峰宽和晶粒尺寸一样，在 700 ℃时达到峰值 1.13 eV。但这个值相对理论值范围仍稍小，这是由于 Ga 的百分含量相对于标准 $CuIn_{0.7}Ga_{0.3}Se_2$ 较少。这说明升高烧结温度对 $CuIn_{1-x}Ga_xSe_2$ 薄膜的带隙值有一定影响，但影响较小，且就带隙因素而言，700 ℃为最佳烧结温度。

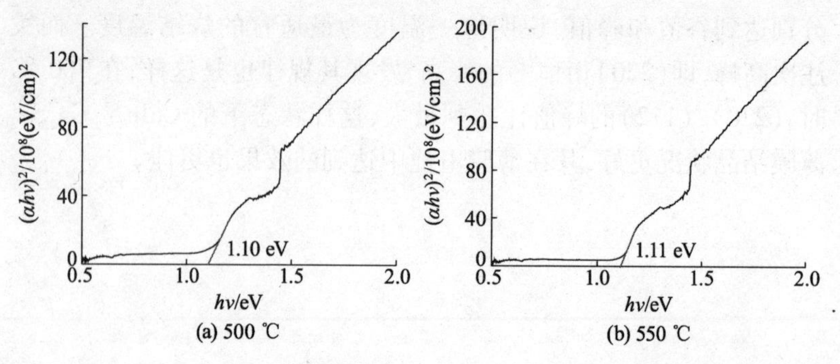

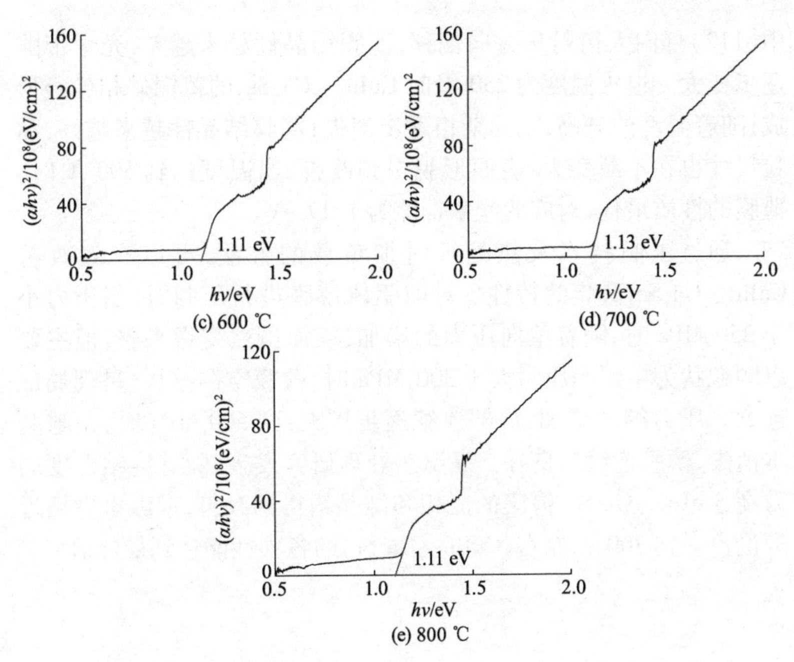

图2.23　不同烧结温度下$CuIn_{1-x}Ga_xSe_2$的$(\alpha h\nu)^2-h\nu$曲线

2.7　小　结

本章采用涂覆技术制备$CuIn_{1-x}Ga_xSe_2$薄膜，以CuSe、Ga_2Se_3和In_2Se_3三种硒化物作为初始原料，利用球磨工艺制备前驱体料浆，随后将其涂覆到钙钠玻璃或Mo基底上制备前驱体薄膜，然后在Ar气氛中退火处理，可得到物相纯净的$CuIn_{1-x}Ga_xSe_2$薄膜。

采用高能球磨方法制备前驱体料浆，通过控制球料比、球磨时间可调控料浆的粒度分布，制得70%以上粒度小于1 μm的料浆，但料浆粒度分布不稳定，极易发生团聚，而加入有机分散剂可明显改善料浆的团聚现象。可以通过调整原材料比例较为精确地控制薄膜的化学组分。

不同化学成分对$CuIn_{1-x}Ga_xSe_2$薄膜特性有一定的影响，随着Ga含量的增加，晶格发生形变紧缩，导致$CuIn_{1-x}Ga_xSe_2$物相结构中(112)峰向大衍射角方向偏移,薄膜结晶性越来越差,光学带隙逐步变大。退火温度为 250 ℃时 $CuIn_{1-x}Ga_xSe_2$的黄铜矿相已经形成;随着温度的升高,二元杂相逐步消失,薄膜结晶性越来越好,晶粒尺寸也在不断变大,表面形貌得到改善,当温度达到 500 ℃时,薄膜的性质最佳,对应的光学带隙为 1.17 eV。

通过压制技术及热处理时加负载的方法,可以有效改善 $CuIn_{1-x}Ga_xSe_2$薄膜的特性。对前驱体薄膜进行压制时,当压力小于 250 MPa 时,随着单向压力的增加,表面虽然变得平整,但主要以颗粒状为主。当压力大于 300 MPa 时,薄膜空洞减少,呈现局部连续。压力继续增加,局部连续逐步扩大,到 500 MPa 时,空隙基本消失,薄膜连续性良好。高温热处理研究发现,随着烧结温度的升高,$CuIn_{1-x}Ga_xSe_2$薄膜的成相和结晶均得到改善,带隙也更接近理论值。在 700 ℃左右,$CuIn_{1-x}Ga_xSe_2$的各项性能达到最佳值。

第 3 章　电沉积制备 $CuInSe_2$ 薄膜及其特性

电沉积是制备薄膜材料的一种常用方法,多用于金属镀层的制备。采用电沉积技术制备 $CuInSe_2$ 薄膜具备三个重要的优势:一是制备成本低,因为电沉积技术使用的设备简单,而且制备过程不需要真空环境;二是电沉积制备技术可以沉积大面积的薄膜,极易实现大规模的工业化生产;三是电沉积技术制备 $CuInSe_2$ 薄膜所用原材料的纯度不需要太高。第 2 章所论述的涂覆技术原材料的纯度一般需要达到 5N(99.999%),而电沉积技术的原材料纯度只需达到 3N(99.9%),因为电沉积过程本身就是提纯的过程,这样又可以大大降低原材料的成本。电沉积技术工艺过程看似简单,但是影响薄膜成膜性、成分、相结构、表面形貌、光学特性等的因素却相当复杂,可控制的因素较多。$CuInSe_2$ 薄膜的性能不仅取决于电沉积过程的工艺参数,而且还受溶液的离子浓度、溶液配比、电极的表面状态等因素影响,所以采用电沉积技术制备适合太阳能电池光吸收层的 $CuInSe_2$ 薄膜,调控方法非常重要。

本章采用超声波电沉积及恒电流共沉积制备金属前驱体薄膜,前驱体薄膜分为两种结构,一种为 Cu、In 双层膜结构,一种为 Cu－In 合金膜,然后采用固态源硒化法对前驱体薄膜进行硒化处理,最终制备 $CuInSe_2$ 薄膜。分别论述超声波电沉积 Cu、In 双层膜和恒电流共沉积 Cu－In 预制膜的工艺流程及技术方案,并讨论电沉积的工艺参数(包括主盐浓度、络合剂、添加剂、pH 值、电流密度、超声波功率等)对 Cu、In 双层膜及 Cu－In 预制膜化学成分、表面形貌、相结构等特性的影响规律。论述采用固态源硒化法对 Cu、In 双层膜及 Cu－In 预制膜进行硒化处理的工艺过程,对硒化反应进行热力学分析并对 Cu – In 预制膜在硒化过程中的 In 损失进行定量分析，分析硒化反应工艺参数对 $CuInSe_2$ 薄膜的影响规律，并讨论 Cu – In 预制膜的成分、致密度和相组成对硒化过程中 In 损失的影响。

3.1 $CuInSe_2$ 薄膜的制备工艺简述

3.1.1 基体材料及其表面处理

$CuInSe_2$ 薄膜太阳能电池普遍使用钠钙玻璃作为基底，背电极一般溅射制备钼电极，这是因为钠钙玻璃的热膨胀系数与 $CuInSe_2$ 相近，热处理过程不会产生较大的内应力；金属 Mo 与 $CuInSe_2$ 薄膜之间能够形成良好的欧姆接触，不产生明显的附加阻抗。但是玻璃基底较脆，限制了 $CuInSe_2$ 薄膜电池的应用范围。近几年，柔性电池得到了较大的发展，柔性基底采用金属薄片或者高分子聚合物，其具有价格低廉、方便携带等优点，电池的应用范围更加广泛。本章电沉积法制备 $CuInSe_2$ 薄膜采用了三种金属衬底，分别为钼片、不锈钢片及钛片。不锈钢材料与 $CuInSe_2$ 薄膜的热膨胀系数最为接近，可以作为有效的柔性基底材料。钛及其合金由于具有较小的相对密度、较高的强度及优异的高温性能，被广泛应用在航天工业上。卫星、航天器和空间太阳能电站是太阳能电池应用的重要领域，钛基体上制备 $CuInSe_2$ 薄膜将会有助于 $CuInSe_2$ 太阳能电池的空间应用。

基体材料的表面状态对 $CuInSe_2$ 薄膜的成膜性有很大的影响。在不同表面状态的基体材料上电沉积制备 $CuInSe_2$ 薄膜将会得到不同的表面形貌及微观结构，进而影响薄膜的光电特性。基体表面状态对薄膜的影响主要有：(1) 基体表面上晶核的形成过程及长大过程都不易控制；(2) 基体的晶体结构一般为多晶结构，表面缺陷较多；(3) 基体与电沉积薄膜的晶格常数不一致会导致严重的晶格失配，进而导致大量的界面态产生；(4) 基体材料中的杂质会影响薄膜的质量。因此，基体材料在使用前需要做预处理，预处理也是决定薄膜质量的重要因素之一。在实际电镀生产过程中，发现80%以上的生产故障都是因为在前处理工序中存在问题，这是由于基体材料的表面难免会存在着各种各样的表面缺陷层、氧化层、油污层及其他杂质。要使薄膜与基体表面的结合力良好，必须进行一系列的前处理工作，去除基体表面杂质、缺陷层及氧化层等，使薄膜中的原子按基体的晶格结构外延生长。

研究发现，决定镀层结合力好坏的是镀层与基体之间作用力的大小，这种作用力由三种力构成：一是由基体表面粗糙不平造成的基体与镀层之间的机械附着力，这种力实质上是一种机械的类似于锚链之间的作用力，因而对于光洁的基体来说，这种力很小。二是分子间力，也称范德华力，是基体与镀层分子之间的作用力，其作用范围小于50 nm，仅靠这种力尚无法满足对镀层与基体的结合力要求。三是金属键力，是指金属中处在不同点阵点上的原子之间的作用力，这种作用力的范围在1 nm以内。在选择最初始镀层时，要注意那些能够在金属基体上进行外延生长的金属，例如，铜、锡、锌等金属离子在钢铁基体上，当基体表面清洁度达到一定程度后，就发生外延生长，即镀层金属离子在最初的几个原子层内遵循基体金属的晶体结构沉积，而后逐步恢复到自己固有的晶型结构，这种存在于基体与镀层之间的金属键力是保证镀层结合力的先决条件，只有当两层金属之间形成金属键时，才能保证其间的结合力良好。

经过以上分析可知，基体表面的处理对薄膜的质量有着重要的影响。表3.1为基底材料在电沉积之前进行的处理工作，表3.2为基体清洗处理工艺。

表3.1　电沉积前的基底处理

内容	作用
机械整平，包括磨光、机械抛光、滚光、喷砂处理等	降低基体表面的粗糙度，除去金属零件表面的毛刺和氧化层
抛光，包括化学及电化学抛光	进一步降低已经经过机械抛光的表面的粗糙度

续表

内容	作用
除油,包括机械除油、有机溶剂除油、乳液除油、化学除油、电化学除油等	除去油脂、污垢
酸洗,包括浸酸、除锈、弱浸蚀	除去氧化层
水洗,包括热水洗、冷水洗、喷淋清洗、超声波清洗等	除去处理过程中产生的残渣、亲水性溶剂

表 3.2 基底的清洗处理工艺

序号	步骤
(1)	用 800#~2000#金相砂纸依次打磨光亮
(2)	自来水冲洗
(3)	丙酮超声振荡 10 min
(4)	二次去离子水冲洗
(5)	乙醇超声振荡 10 min
(6)	二次去离子水冲洗,冷风干燥
(7)	在 10%(体积分数)HF 溶液中蚀刻 5~10 s
(8)	二次去离子水冲洗
(9)	冷风干燥备用

3.1.2 电沉积工艺及设备

超声波电沉积的装置如图 3.1 所示,直流稳压稳流电源提供电流驱动,并可以进行电压调节及电流调节。电流表测试沉积过程的直流电流的大小,配制好的电解液装入电解槽中,电解槽放入超声波清洗器中,也可将超声波发生器置于电解槽中,采用石墨作为阳极,基底材料钼片、不锈钢片或钛片作为阴极。

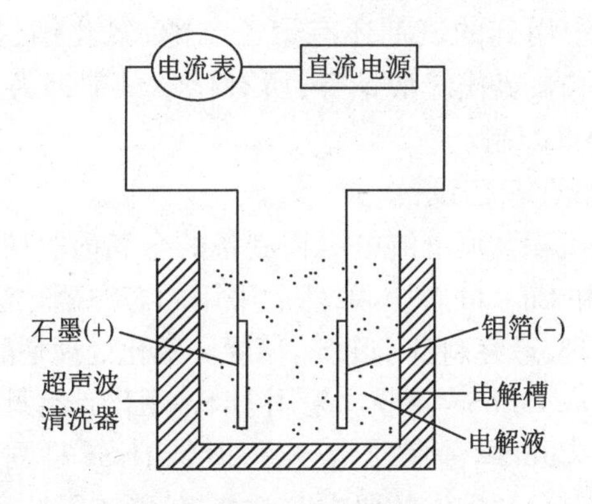

图 3.1　超声波电沉积装置图

超声波用于电沉积,其主要作用有:① 清洗作用:强大的冲击波能渗透到电极介质表面和空隙里,使电极表面被彻底清洗。② 析氢作用:电镀中常伴有氢气的产生,夹在镀层中的氢使镀层性能降低,逸出的氢容易引起花斑和条纹,而超声空化作用使氢进入空化泡或作为空化核,加快了氢气的析出。③ 搅拌作用:超声空化所产生的高速微射流强化了溶液的搅拌作用,加强了离子的运输能力,减小了扩散层厚度和浓度梯度,降低了浓度极化,加快了电极过程,优化了电镀操作条件。超声反应器大体可分为超声浴槽和探针系统两种类型,两种装置各有特点。超声波在电镀方面的应用早在 20 世纪 50 年代就有报道,最简单的方法是将超声波直接引入电镀槽中。空化作用可提高电沉积的速率,在镀铜时得到较光亮的镀层,电流密度可增加 8 倍。引入超声的另一种方法是将超声振荡加在阴极上,镀铬时用低碳钢作阴极,在其上加 20 kHz 的超声振荡,结果其硬度可增加 10%。镀层晶粒变细而光亮,得到上述效果的主要原因是空化作用使固体电极表面得到连续的清洗和激活,驱除聚集在电极上的气泡,加速扩散和使离子更好地传输。

在图 3.1 所示的装置中,电解槽放入超声波清洗器中,在电沉积的同时进行超声振荡。普通电沉积装置中没有超声波清洗器,其余与上述相同。电解液中分别用硫酸铜、氯化铜和硫酸铟、氯化铟提供 Cu^{2+} 和 In^{3+},柠檬酸作主络合剂、三乙醇胺作辅助络合剂。

此外，电解液中用到的试剂还有聚乙二醇、氯化钠、盐酸、氢氧化钠、硫酸、硫酸钠、硫代硫酸钠等，所有化学试剂都为分析纯，电解液采用去离子水配制。

3.1.3 硒化工艺设备

超声波电沉积及恒电流电沉积制备的金属前驱体薄膜，分别为Cu、In 双层膜和 Cu－In 合金膜，然后采用固态源硒化法对前驱体薄膜进行硒化处理，最终制备 $CuInSe_2$ 薄膜。硒化处理是前驱体膜在 Se 气氛中硒化形成 $CuInSe_2$ 薄膜。采用 H_2Se 硒化是常见的硒化技术，该方法得到的 $CuInSe_2$ 薄膜质量较好，但是 H_2Se 是剧毒气体，且易燃，造价高，对保存和操作的要求非常严格，影响了此种方法的实际应用。采用以硒粉为原料的固态源硒化法则具有设备简单、操作安全、不需要非常严格的控制条件等优点，更适合大面积生产。

固态源硒化法的硒化装置如图 3.2 所示，使用简单的管式热处理炉（即管式电阻炉）作为硒化装置，热处理炉内通入惰性保护气体。将电沉积法制备的前驱体薄膜与固态硒源一同置于石英管中的钼舟内，在 N_2 或 H_2 的保护下，热处理炉以 5 ℃/min 的加热速度升温，将温度升至 250 ~ 300 ℃进行硒化，硒化时间一般为 30 ~ 60 min，硒化反应后得到 $CuInSe_2$ 薄膜，然后在更高的温度下进行退火处理，最后随炉冷却至室温。

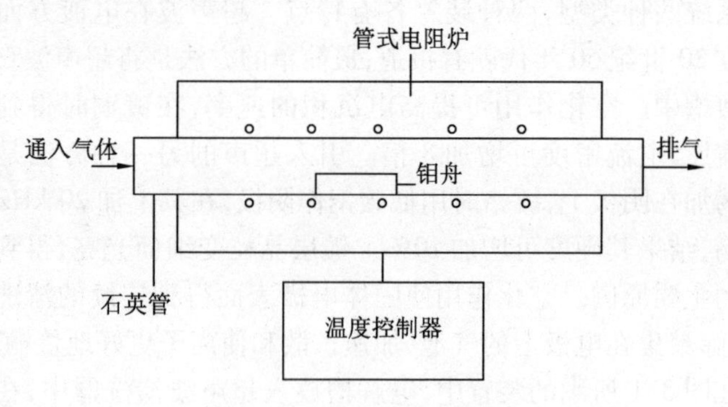

图 3.2　硒化装置示意图

制备的 $CuInSe_2$ 薄膜的分析测试方法与第 2 章基本相同，这里不再赘述。

3.2　超声波电沉积 Cu、In 双层膜再硒化制备 $CuInSe_2$ 薄膜

3.2.1　超声波电沉积原理及工艺

分层超声波电沉积 Cu、In 预制膜，在钼片表面分别电沉积 Cu、In 层，然后再硒化合成 $CuInSe_2$ 薄膜。利用这种技术路线制备预制膜时需要考虑的电沉积控制因素减少，溶液中组分的相互作用也大大削弱。从水溶液中镀取镀层是目前电镀生产工艺的主要方式。电沉积出来的镀层大多数情况下呈晶态，包括柱状或者层状的晶态结构，同时也有微晶、纳米晶或非晶结构，结构的形成取决于沉积过程的条件。由于沉积的过程表现为形成晶态的过程，便将这一过程看作电场作用下的结晶过程，称为电结晶。镀液中金属离子的放电电位等于它的平衡电位与过电位之和：

$$E = E_e + \Delta E \tag{3.1}$$

根据能斯特方程，可得：

$$E = E^0 + nFRT\ln a + \Delta E \tag{3.2}$$

式中：E 为放电电位（析出电位）；E_e 为平衡电极电位；E^0 为标准电极电位；ΔE 为金属离子在电极上放电的过电位；a 为金属离子的平均活度；F 为法拉第常数；R 为摩尔气体常数；T 为温度。只要阴极的电位小于金属在该溶液中的平衡电位，并获得一定的过电位时，该金属离子就可以在阴极析出。

分别选用可溶性二价 Cu 盐、In 盐作为主盐，涉及的相关阴极电极电位方程如下：

$$Cu^{2+} + 2e \rightarrow Cu(s) \quad E = 0.34 + 0.0295\lg(a_{Cu^{2+}} / a_{Cu})$$

$$In^{3+} + 3e \rightarrow In(s) \quad E = -0.34 + 0.0197\lg(a_{In^{3+}} / a_{In})$$

可能发生的阴极电极反应：

$$2H^+ + 2e \rightarrow H_2(g) \quad E = 0.0295\lg(a_{H^+} / a_{H_2})$$

阳极电极反应方程如下：

$$4OH^- - 4e \rightarrow 2H_2O + O_2(g) \quad E = 0.401 + 0.059\lg(a_{OH^-} / a_{O_2})$$

钼片衬底作为阴极,石墨电极作为阳极,整个电沉积过程中使用恒电流。接通电源回路之前要打开超声波清洗器,以确保电沉积完全在超声波振动下进行。在电沉积过程中要保证两个电极互相平行,电极间距为2 cm,以使电流分布均匀,镀膜表面形态更好。由于铜层与钼基底结合较好,所以先在钼片上超声波电沉积铜,然后在铜层上超声波电沉积铟,形成双层膜,温度为20~30 ℃,具体的技术方案如下:

(1)超声波电沉积铜

超声波电沉积Cu膜时,为了分析溶液中Cu^{2+}浓度对沉积薄膜质量的影响规律,用去离子水配制如表3.3所示的5种不同Cu^{2+}浓度的溶液。采用钼片作为基底材料,钼片表面经过预处理,钼片的背面涂硅胶,沉积时保持恒电流密度为20 mA/cm^2,沉积时间为1 min,超声波频率为45 kHz,功率为50 W,镀膜前后对试样称重以获得薄膜质量。

表3.3 超声波电沉积Cu的溶液组分

溶液编号	$CuSO_4\cdot 5H_2O$/(g/L)	H_2SO_4/(g/L)
1	25	2.5
2	50	5
3	75	7.5
4	100	10
5	125	12.5

为了分析不同电流密度对Cu膜的影响规律,选用100 g/L的$CuSO_4\cdot 5H_2O$溶液,选取电流密度分别为10、20、30、40、50 mA/cm^2。

(2)超声波电沉积铟

在钼基体上电沉积铜膜后,在铜膜上继续超声波电沉积铟层。选取合理的镀铜参数(100 g/L $CuSO_4\cdot 5H_2O$溶液、电流密度20 mA/cm^2)作为镀铟的衬底。

超声波电沉积In膜时,为分析不同的In^{3+}浓度对薄膜质量的影响,采用去离子水配制如表3.4所示的5种不同In^{3+}浓度的溶液,用NaOH和H_2SO_4调节pH值。保持恒电流密度为20 mA/cm^2,沉积时间为1 min,超声波频率为45 kHz,功率为50 W。镀膜前后对试样称重以得到薄膜质量。

表 3.4　超声波电沉积 In 的溶液组分

溶液编号	$In_2(SO_4)_3$/(g/L)	pH
1	5	2
2	7.5	2
3	10	2
4	12.5	2
5	15	2

不同电流密度下制备 In 膜，选用 10 g/L 的 $In_2(SO_4)_3$溶液，选取电流密度分别为 10、20、30、40、50 mA/cm^2，分析不同的电流密度对薄膜质量的影响规律。

(3) 硒化处理工艺

采用固态源硒化法对预制膜进行硒化处理，将电沉积法制备的双层膜与固态硒粉一同置于石英管中的钼舟内。在 H_2 的保护下，以 5 ℃/min 的加热速度升温进行硒化。硒化过程采用两种方案：单阶段保温和双阶段保温。方案一如图 3.3 所示，直接升温至 300 ℃，保温 0.5 h，然后随炉冷却至室温；方案二如图 3.4 所示，先升温至 130 ℃，保温 6 h，随后再升温至 300 ℃，保温 0.5 h，最后随炉冷却至室温。

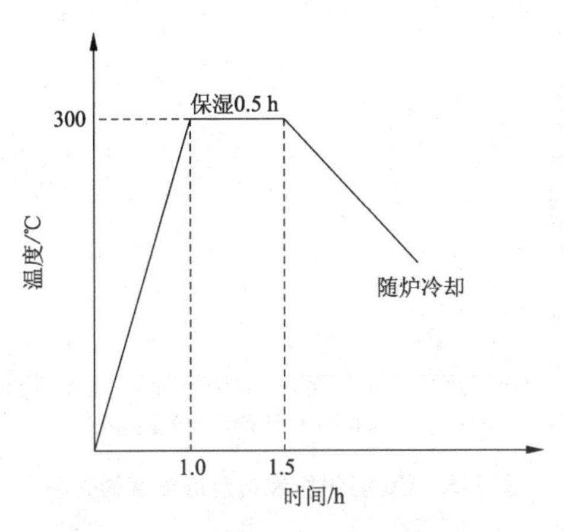

图 3.3　单阶段保温的硒化工艺示意图

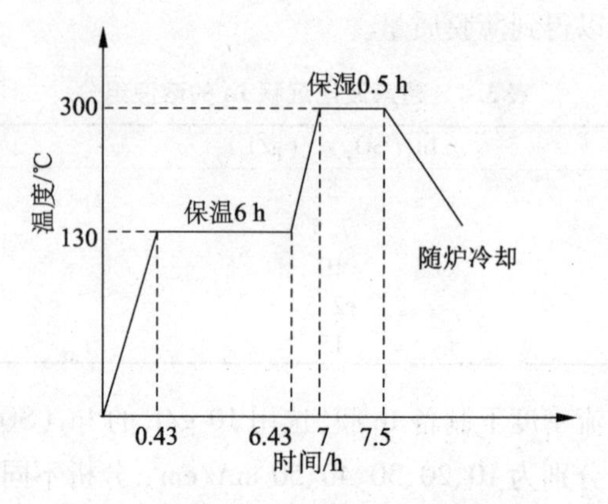

图 3.4　双阶段保温的硒化工艺示意图

3.2.2　电解液浓度对 Cu、In 薄膜质量的影响

在超声波电沉积 Cu 和 In 的过程中，研究溶液浓度与单位时间所沉积薄膜质量的关系，对其进行定量分析。

图 3.5 为电流密度为 20 mA/cm^2，主盐 $CuSO_4 \cdot 5H_2O$ 的浓度在 25 ~ 125 g/L 变化时，溶液中 $CuSO_4 \cdot 5H_2O$ 的浓度与单位时间 Cu 的沉积质量的关系曲线，从图中可以看到，随着溶液浓度的增大，薄膜质量增加，而且两者基本呈线性关系。

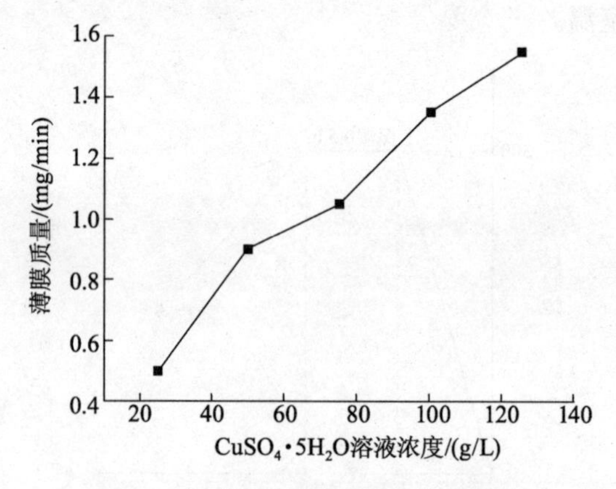

图 3.5　Cu 沉积质量与溶液浓度的关系

图 3.6 为电流密度为 20 mA/cm^2，主盐 $In_2(SO_4)_3$ 的浓度在5 ~

15 g/L 变化时，溶液中 $In_2(SO_4)_3$ 的浓度与单位时间 In 的沉积质量的关系曲线，从图中可以看到，随着溶液浓度的增大，薄膜质量增加，浓度小于 12.5 g/L 时，两者基本呈线性关系，其后继续增大浓度对薄膜质量的影响不大。这种现象是由电沉积过程中金属离子的放电历程决定的。

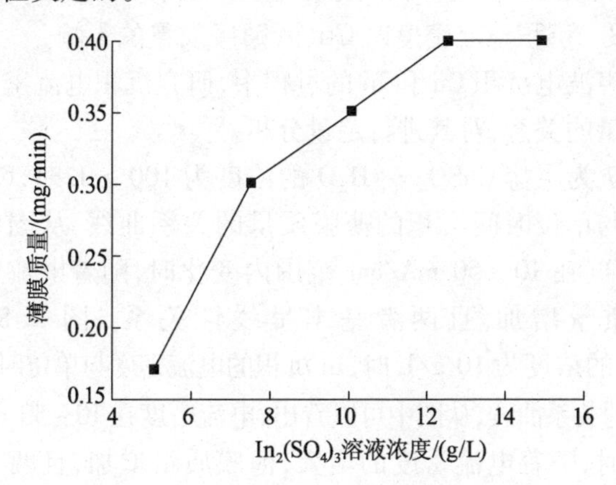

图 3.6　In 沉积质量与溶液浓度的关系

金属离子在电极表面电化学还原而析出金属层，这一过程可分为如下四个步骤：

(1) 金属离子(水合离子或配位离子)从溶液内部向电极表面扩散。

(2) 金属离子在电场的作用下向电极表面的双电层内进行迁移(在这一步中金属离子要脱去其表面的配体)。

(3) 金属离子在电极表面接受电子(放电)，形成吸附原子。

(4) 吸附原子向晶格内嵌入(形成镀层)。

可以认为这四个步骤是串联在一起的，进行得最慢的步骤为总反应的控制步骤。在一定的电流密度下，较低的 In^{3+} 浓度使得金属离子的扩散成为总反应的控制步骤。随着浓度增大，扩散过程进行得更加充分，阴极表面附着更多的 In^{3+}，使反应过程加快。但当 In^{3+} 浓度达到一定程度时，电极表面附着足够多的 In^{3+}，扩散过程不再作为控制步骤，此时电流密度成为新的控制步骤，In 的沉积速率不再随溶液浓度的增大而变化。

对比图3.5和图3.6，Cu的单位时间沉积质量与溶液浓度的关系曲线没有出现平滑段。这是因为$CuSO_4 \cdot 5H_2O$的沉积浓度最高可达250 g/L，而制备的$CuInSe_2$薄膜前驱体所需铜层厚度不能超过500 nm，$CuSO_4 \cdot 5H_2O$的浓度达到125 g/L就足以满足需要。

3.2.3 沉积电流密度对Cu、In薄膜质量的影响

在超声波电沉积Cu和In的过程中，研究沉积电流密度与所沉积薄膜质量的关系，对其进行定量分析。

图3.7为主盐$CuSO_4 \cdot 5H_2O$的浓度为100 g/L时，Cu沉积的电流密度与单位时间沉积的薄膜质量的关系曲线，从图中可以看出，电流密度在10～50 mA/cm^2范围内变化时，随着电流密度的增大，薄膜质量增加，且两者基本呈线性关系。图3.8为主盐$In_2(SO_4)_3$的浓度为10 g/L时，In沉积的电流密度与单位时间沉积的薄膜质量的关系曲线，从图中可以看出，电流密度在10～50 mA/cm^2范围内变化时，随着电流密度的增大，薄膜质量增加，且两者基本呈线性关系。

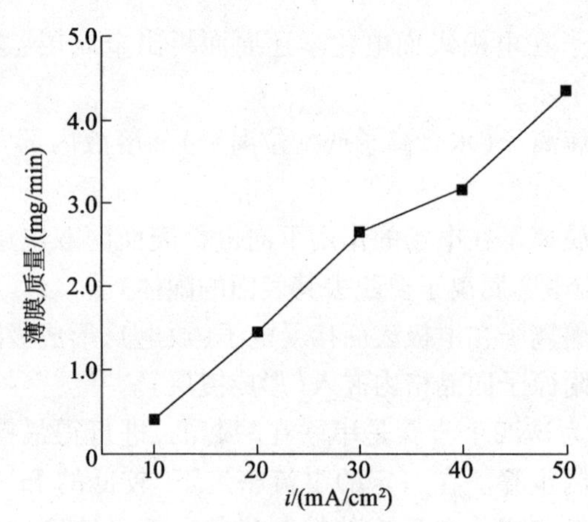

图3.7 Cu沉积质量与电流密度的关系

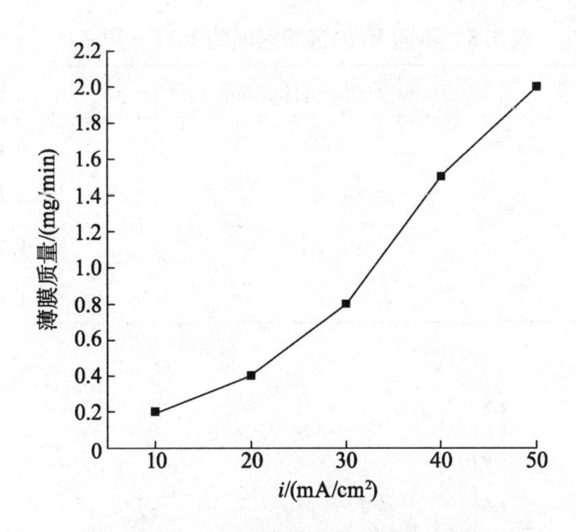

图 3.8 In 沉积质量与电流密度的关系

通过以上分析可知，电流密度在 10 ~ 50 mA/cm^2 范围内变化时，Cu 和 In 的沉积速度都随电流密度的增大而增加，这与法拉第定律相符合，同时二者所表现出来的线性关系说明电流效率较高，电流的损失较少。电流密度小于 10 mA/cm^2 时，Cu 和 In 都得不到均匀的镀层，主要原因是电流密度较低时，电化学反应慢，无法形成致密牢固的结合，在超声的强烈振荡下，部分镀层会脱落。

3.2.4 电沉积时间对双层膜 Cu/In 原子比的影响

通过以上对超声波电沉积 Cu、In 的定量研究结果发现，可以采用电沉积时间来控制双层膜的 Cu 与 In 的原子比。超声波电沉积 Cu 采用主盐 $CuSO_4 \cdot 5H_2O$ 浓度为 100 g/L 的电解液，超声波电沉积 In 采用主盐 $In_2(SO_4)_3$ 浓度为 10 g/L 的电解液，电流密度都采用 20 mA/cm^2，研究电沉积时间对双层膜 Cu/In 原子比的影响。

先固定电沉积 Cu 的时间为 2 min，改变电沉积 In 的时间，研究电沉积 In 的时间与镀层中 In/Cu 原子比的关系。再固定电沉积 In 的时间为 6 min，改变电沉积 Cu 的时间，研究电沉积 Cu 的时间与镀层中 Cu/In 原子比的关系。镀层中的 In/Cu 原子比与电沉积 In 的时间的关系如表 3.5 和图 3.9 所示，Cu/In 原子比与电沉积 Cu 的时间的关系如表 3.6 和图 3.10 所示。

表 3.5 不同 In 的沉积时间的 In/Cu 原子比

试样编号	In 的沉积时间/min	In/Cu 原子比
A1	2	0.43
A2	4	0.81
A3	6	1.22
A4	8	1.64

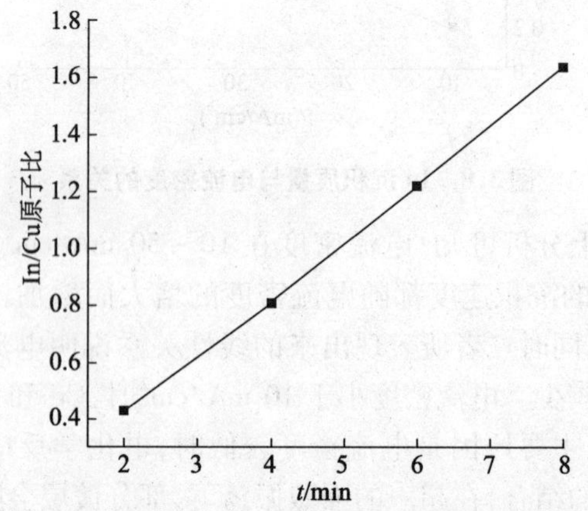

图 3.9 双层膜的 In/Cu 原子比与 In 沉积时间的关系曲线

表 3.6 不同 Cu 的沉积时间的 Cu/In 原子比

试样编号	Cu 的沉积时间/min	Cu/In 原子比
B1	1	0.47
B2	2	0.82
B3	3	1.74
B4	4	2.35

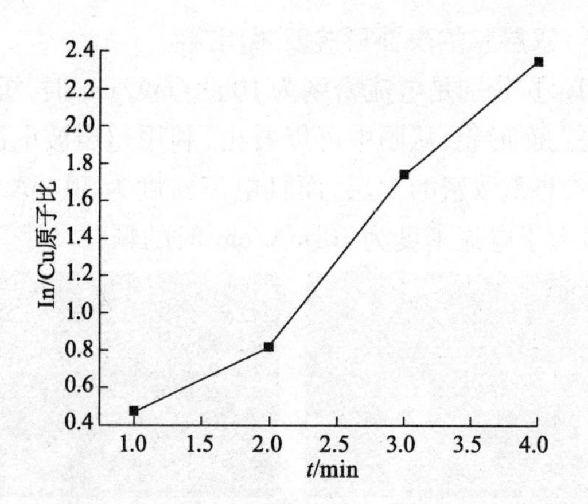

图 3.10 双层膜的 Cu/In 原子比与 Cu 沉积时间的关系曲线

从图 3.9 和图 3.10 可以看出,对于电沉积 Cu、In 来说,镀层中的金属含量与通电时间近似成正比。当电流通过电解质溶液或熔融电解质时,两个电极上将发生化学反应,电极上通过的电量与反应的物质的量之间存在一定的关系,这种关系可以用法拉第定律来表示。

法拉第定律就是用来定量地表达电能与化学能之间相互关系的定律,其数学表达式为

$$Q = nzF \tag{3.3}$$

由于 $Q = it$, 则 $it = nzF$,也可以写成:

$$n = it/(zF) \tag{3.4}$$

式中:Q 为通过的电量,C;n 为参与电极反应的物质的量,mol;z 为参与电极反应物的得失电子数;i 为电流密度,A;t 为时间,h;F 为法拉第常数。

对于单沉积 Cu、In 来说,在一定的沉积条件下,法拉第常数 F 与电极反应物的得失电子数 z 都为常数,不随电沉积过程而变化。从式(3.4)可知,当电沉积时间 t 恒定时,沉积金属的物质的量 n 与电流密度 i 成正比;而当电流密度 i 恒定时,沉积金属的物质的量 n 与沉积时间 t 成正比。

3.2.5 双层膜的表面形貌及相组成

图 3.11a、b 分别是电流密度为 10、30 mA/cm^{2}时，沉积1 min 所得到铜层的表面形貌，从图中可以看出，利用超声波电沉积可以得到颗粒细小、非常致密的铜层，而且电流密度为 30 mA/cm^{2}时的颗粒尺寸明显大于电流密度为 10 mA/cm^{2}时的颗粒尺寸。

(a) 10 mA/cm^2　　(b) 30 mA/cm^2

图 3.11　不同电流密度下铜层的表面形貌

图 3.12a、b 分别是电流密度为 10、30 mA/cm^{2}时，在铜膜上沉积 1 min 所得到铟层的表面形貌。从图中可以看出，利用超声波电沉积得到的铟层同样颗粒细小、非常致密，而且随着电流密度的增大，颗粒尺寸增大，同时薄膜会更加均匀、平整。

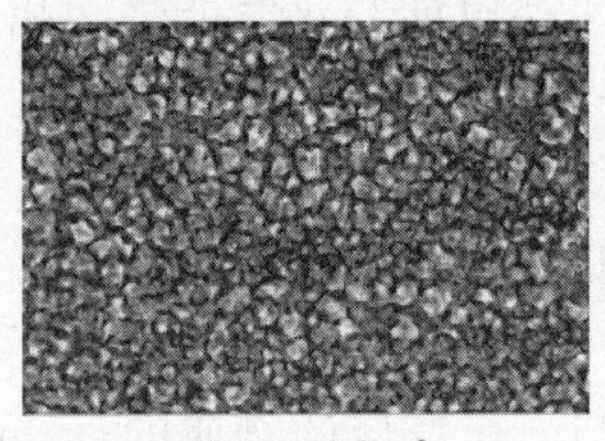

(a) 10 mA/cm^2

(b) 30 mA/cm^2

图 3.12　不同电流密度下铟层的表面形貌

一方面超声产生的空化作用可在电极表面形成更多的缺陷，从而增加晶体的形核数目；另一方面超声波的空化作用产生的强大冲击力可以将结合不牢固、异常生长的晶粒击碎。这两方面的作用使铜层晶粒细小、结合致密，而且使薄膜表面的平整性比较好。电流密度为 30 mA/cm^2 时的晶粒尺寸明显大于电流密度为 10 mA/cm^{2}时的晶粒尺寸，这与普通电镀所得的结果不同。普通电镀中,随电流密度的增大,晶粒尺寸会减小,原因是电流密度增大会提高阴极极化,从而提高过电位,使形核数增加。而本书产生这种与普通电镀相反的现象的原因是一方面超声波增大了离子的扩散速度而降低了浓差极化,减小了过电位,加快了原子沉积速度;另一方面超声波提供大量的能量,对电极产生了一定的热效应,从而加快了晶粒的长大速度。

图 3.13 为超声波电沉积双层膜的 XRD 分析结果。从图中可以看到,通过电沉积制备的 Cu、In 双层膜是由单质 Cu 相(衍射峰的 2θ 角分别为 43.40°、50.56°和 74.25°)、单质 In 相(衍射峰的 2θ 角分别为 32.858°、36.202°和 39.034°)和一种热力学不稳定相 CuIn 相(衍射峰的 2θ 角分别为 26.76°、34.41°、42.98°和 59.90°)组成的混相结构。CuIn 相的存在,说明在电沉积的过程中,Cu 层和 In 层在界面处发生了固相反应,进行了扩散。

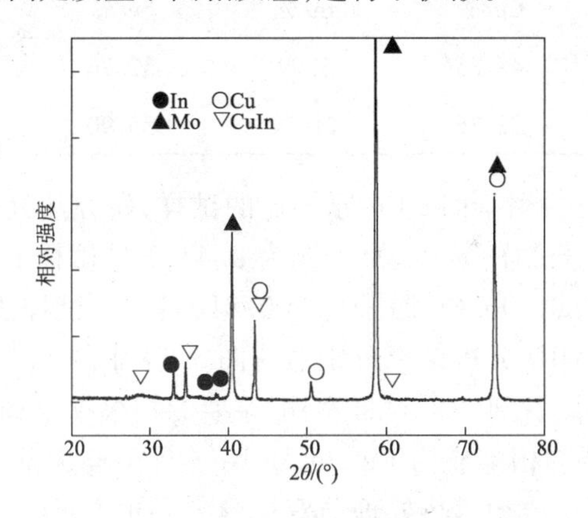

图 3.13　Cu、In 双层膜的 XRD 图谱

3.2.6　硒化反应结果分析

前面已述,可采用两种方案对超声波电沉积制备的 Cu、In 双层膜进行硒化处理,即单阶段保温和双阶段保温。比较两种不同方案硒化后薄膜的成分,并分析其产生不同结果的原因。通过上面对超声波电沉积过程的定量分析可知,可以利用沉积时间控制 Cu、In 双层膜的铜铟原子比,由于在硒化过程中会有一定量的铟损失,所以选用表 3.5 中富铟的 A3 试样(In/Cu = 1.22)进行硒化研究,采用单阶段保温硒化后的试样记为 S1,采用双阶段保温硒化后的试样记为 S2。

表 3.7 为两种方案硒化后 S1 与 S2 试样的化学成分分析表。从表中可以看出,经过单阶段保温硒化后,In 大量地损失,含量仅为 3.99at.%,严重地偏离了 $CuInSe_2$ 化合物的化学计量比,而经过双阶段保温硒化后,得到的薄膜比较符合 $CuInSe_2$ 化合物的化学计量比。相对于单阶段保温来说,双阶段保温在硒化前多了一步 130 ℃、6 h 的保温操作,这段时间的保温是为了使双层膜之间进行固相扩散而形成合金膜。

表 3.7 硒化后薄膜的化学成分分析表

试样编号	原子百分含量/at.%			Cu/In 原子比
	Cu/%	In/%	Se/%	
S1	43.25	3.99	52.76	10.84
S2	22.36	21.74	55.90	1.03

选用了三个不同 In/Cu 原子比的试样,研究热处理后合金膜的相组成,1 号试样 In/Cu 原子比为 0.43,2 号试样 In/Cu 原子比为 1.22,3 号试样 In/Cu 原子比为 0.81,对三个试样进行热处理,热处理后的 XRD 分析结果分别对应图 3.14 中的 1、2、3 曲线。从图 3.14 中可以看到,1 号试样富铜,主要的相组成为 $Cu_{11}In_9$ 和 Cu;2 号试样主要的相组成为 $Cu_{11}In_9$ 和 In;3 号试样大部分为 $Cu_{11}In_9$ 相,没有发现单质相。热处理前双层膜主要由 Cu、In 及 CuIn 相所组成,根据 Cu - In 相图可知,CuIn 相是一种不稳定的非平衡相,在热处理过程中,CuIn 相会转变为更加稳定的 $Cu_{11}In_9$ 和 In 相。另外,可以看到合金膜的相组成与双层膜的 In/Cu 原子比有关,富 In 的双层膜热处理后可得到由 $Cu_{11}In_9$ 和 In 组成的合金膜,由于随后的硒化过程中会发生 In 损失,所以希望得到富铟的合金膜。

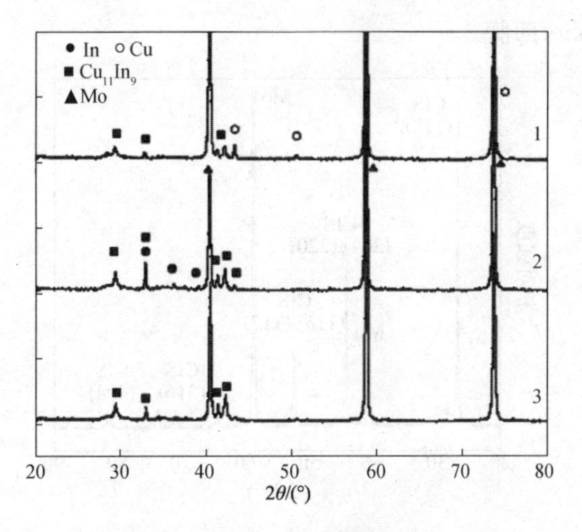

图 3.14　Cu – In 合金膜的 XRD 图谱

图 3.15 为 2 号合金膜的显微形貌和成分分析，可以看出经过热处理，晶粒长大，结合比较致密，孔隙较少。由图 3.15b 能谱分析可以看出，薄膜成分是富铟的，结合上面 XRD 结果可以得出，薄膜的物相为 $Cu_{11}In_9$ 和 In 相，没有其他相。

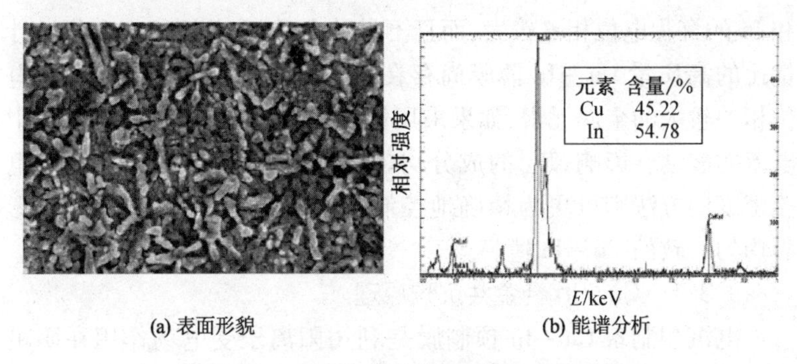

(a) 表面形貌　　(b) 能谱分析

图 3.15　2 号合金膜的表面形貌和成分分析

图 3.16 为 S2 试样硒化后的 XRD 图谱。从图中可以明显看到 $CuInSe_2$ 的特征峰（112）、（204）/（220）和（116）/（312），对应的 2θ 角分别为 26.69°、44.31°和 52.46°，在（112）面上择优取向，而且没有发现杂质相，说明该技术路线制备的合金膜经过硒化可得到纯

净的 $CuInSe_2$ 薄膜。

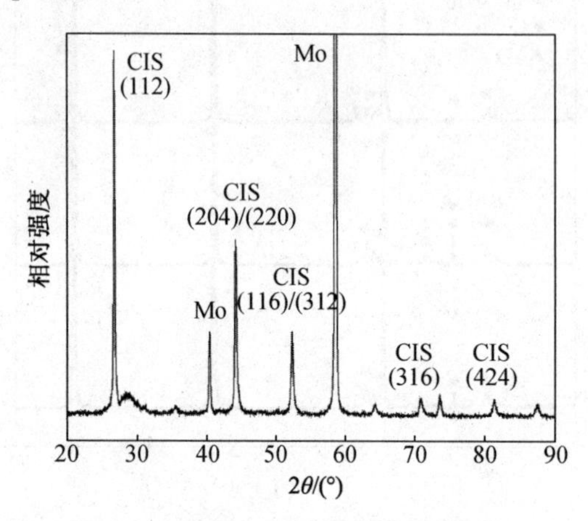

图 3.16　$CuInSe_2$ 薄膜的 XRD 图谱

3.3　恒电流共沉积和硒化制备 $CuInSe_2$ 薄膜

采用共沉积技术制备 Cu－In 合金预制膜，由于金属元素 Cu 和 In 的沉积电位相差较大，而且不易结合，因此共沉积符合化学计量比的高质量 Cu－In 薄膜尚存在一定的困难。对于两种沉积电位相差较大的金属元素，如果采用恒电势控制的方法，电镀过程中电流的波动会影响镀层的成分均匀性和形貌均匀性，而采用恒电流密度的方法则可更为精确地控制镀层成分，沉积得到成分和形貌均匀一致的 Cu－In 薄膜。

3.3.1　Cu－In 合金共沉积原理

电沉积制备 Cu－In 预制膜是利用阳离子受电场作用在阴极发生还原反应，析出并沉积在阴极材料上，得到所需的合金薄膜。电沉积制备 Cu－In 预制膜的优点：沉积过程温度低；镀层与基体间不存在残余热应力，界面结合好；可以在各种形状复杂的表面和多孔表面制备均匀的薄膜；镀层的厚度、化学组成、结构及孔隙率能够精确控制；设备简单，投资少，可以降低 $CuInSe_2$ 薄膜太阳能电池的制造成本。

电沉积制备 Cu－In 预制膜的关键在于如何确保 Cu^{2+}、In^{3+} 两种离子能够按照 1∶1 的比例实现共沉积。合金共沉积必须满足两个条件：(1)合金中的两种金属至少有一种能够单独从水溶液中沉积出来。有些金属(如钨、钼等)虽然不能单独从水溶液中沉积出来，但可与另一种金属(如铁、钴、镍等)同时从水溶液中实现共沉积。(2)两种金属的析出电位(即沉积电位)必须十分接近或者相等，即

$$\varphi_{析} = \varphi_{平} - \Delta\varphi = \varphi^0 + \frac{RT}{nF}\ln \alpha - \Delta\varphi \tag{3.5}$$

式中：φ^0 为电极反应的标准平衡电极电位；α 为金属离子的活度；$\Delta\varphi$ 为阴极反应的极化过电位(也叫作超电压)，且 $\Delta\varphi > 0$。

欲使 Cu^{2+}、In^{3+} 两种金属离子在阴极上共沉积，它们的析出电位必须相等，即

$$\varphi_{析_{Cu}} = \varphi_{Cu^{2+}/Cu} - \Delta\varphi_{Cu} = \varphi^0_{Cu^{2+}/Cu} + \frac{RT}{2F}\ln \alpha_{Cu^{2+}} - \Delta\varphi_{Cu} \tag{3.6}$$

$$\varphi_{析_{In}} = \varphi_{In^{3+}/In} - \Delta\varphi_{In} = \varphi^0_{In^{3+}}/In + \frac{RT}{3F}\ln \alpha_{In^{3+}} - \Delta\varphi_{In} \tag{3.7}$$

$\varphi_{析_{Cu}} = \varphi_{析_{In}}$，即

$$\varphi^0_{Cu^{2+}/Cu} + \frac{RT}{2F}\ln \alpha_{Cu^{2+}} - \Delta\varphi_{Cu} = \varphi^0_{In^{3+}/In} + \frac{RT}{3F}\ln \alpha_{In^{3+}} - \Delta\varphi_{In} \tag{3.8}$$

式中：$\varphi^0_{Cu^{2+}/Cu}$、$\varphi^0_{In^{3+}/In}$ 分别表示 Cu、In 的标准电极电位，在以水为溶剂的电解液中其值分别为 $\varphi^0_{Cu^{2+}/Cu} = 0.34$ V，$\varphi^0_{In^{3+}/In} = -0.34$ V；$\alpha_{Cu^{2+}}$、$\alpha_{In^{3+}}$ 分别表示 Cu^{2+}、In^{3+} 在溶液中的活度，其值主要由电解液配方决定；$\Delta\varphi_{Cu}$、$\Delta\varphi_{In}$ 分别表示 Cu、In 电沉积时的极化过电位，作为动力学参数，它的大小受电解液配方和电沉积工艺的共同影响。

在金属共沉积体系中，合金中个别金属的极化过电位是无法测出的，也不能通过理论进行计算，因此，以上关系式的实际应用价值不大。但是，从式(3.8)中仍然可以发现一些实现金属共沉积的措施，例如通过选择恰当的电解液配方和工艺条件，改变金属离

子的活度和沉积时的极化过电位使等式(3.8)成立,就可以确保Cu、In实现共沉积。

电解液组分不仅决定着金属离子的活度,而且对金属沉积时的极化过电位也有显著的影响。所以,如何设计电解液组分成为电沉积Cu－In预制膜成功与否的关键。以下计算仅涉及热力学公式,暂不考虑动力学条件(极化过电位)。

当金属平衡电位相差不大时,可以通过改变金属离子的浓度(或活度),降低电位比较正的金属离子的浓度,使它的电位负移,或者增大电位比较负的金属离子的浓度,使它的电位正移,从而使析出电位互相接近。

但是,Cu^{2+}、In^{3+}的标准平衡电极电位相差较大,Cu^{2+}、In^{3+}两种元素的电极反应如下:

$$Cu^{2+} + 2e \rightarrow Cu \quad \varphi_{Cu^{2+}/Cu} = \varphi^0_{Cu^{2+}/Cu} + 0.0295\lg(\alpha_{Cu^{2+}}/\alpha_{Cu}) \tag{3.9}$$

$$In^{3+} + 3e \rightarrow In \quad \varphi_{In^{3+}/In} = \varphi^0_{In^{3+}/In} + 0.0197\lg(\alpha_{In^{3+}}/\alpha_{In}) \tag{3.10}$$

当Cu和In共沉积时,应该满足$\varphi_{Cu^{2+}/Cu} = \varphi_{In^{3+}/In}$,即

$$0.34 + 0.0295\lg(\alpha_{Cu^{2+}}/\alpha_{Cu}) = -0.34 + 0.0197\lg(\alpha_{In^{3+}}/\alpha_{In}) \tag{3.11}$$

假设铜离子的活度为0.001 mol/L,代入式(3.11),经计算可知铟离子的活度要达到10^{30} mol/L才能保证Cu、In实现共沉积,但是要使In^{3+}的浓度达到这个数值简直是不可能的。由此看来,仅仅依靠改变电解液中各个物质的浓度来达到两种元素的共沉积是完全不可能的,这就要求采用其他的方法来达到Cu、In两种元素的共沉积。

在尚无有效方法促进In析出的情况下,设法延缓Cu的析出速度,将有助于改善电沉积Cu－In预制膜的质量。在电解液中加入适宜的络合剂,与Cu^{2+}形成稳定的络合物,由于减少了溶液中游离Cu^{2+}的浓度,使Cu的平衡电极电位明显负移;另外,由于络合物的

稳定性高于水合离子,使得 Cu^{2+} 在阴极析出时的活化能升高,可减慢其析出反应的速度。同时,络合剂的存在又可作为缓冲剂,可保持溶液的 pH 值不变,降低反应速率,从而改善薄膜的质量。

最好的络合剂是氰化物,但氰化物有剧毒,故采用无毒、环保的柠檬酸作为主络合剂。柠檬酸在溶液中只与 Cu^{2+} 络合形成络合离子,导致 Cu^{2+} 的活度降低,Cu 的还原电位负移。Cu^{2+} 与柠檬酸的络合反应如下:

$$Cu^{2+} + H_3L^- = [CuH_3L]^+ \quad K_1 = 1.995 \times 10^{28}$$

假设铜离子总浓度为 0.008 mol/L(活度系数为 0.75),根据络合稳定常数 K_1 可以计算出游离 Cu^{2+} 的活度 $\alpha_{Cu^{2+}}$:

$$K_1 = \frac{\alpha_{[CuH_3L]^+}}{\alpha_{Cu^{2+}} \cdot \alpha_{H_3L^-}} \tag{3.12}$$

式中:$\alpha_{H_3L^-}$ 为络合剂的活度,其值近似取 1;$\alpha_{[CuH_3L]^+}$ 为络合物的活度,其值等于 $0.006 - \alpha_{Cu^{2+}}$;再利用式(3.9)就可以计算出加入柠檬酸后铜的平衡电极电位 $\varphi_{Cu络合} = -0.3846$ V。当 In^{3+} 浓度为 0.02 mol/L(活度系数为 0.08)时,In 的平衡电位 $\varphi_{In^{3+}/In} = -0.3851$ V。可以看出,加入柠檬酸后 Cu 和 In 的平衡电位已经近似相等,满足合金共沉积的热力学条件。

3.3.2 恒电流共沉积法制备 Cu-In 预制膜

采用恒电流共沉积法在钛基体和钼基体上制备 Cu-In 预制膜,依次讨论络合剂、主盐浓度、pH 值、电流密度对预制膜化学成分、表面形貌、相组成的影响规律。

(1) 络合剂对 Cu-In 预制膜的影响

分别选用柠檬酸(H_4Cit)和三乙醇胺(TEA)作为络合剂,按照表 3.8 所示的电解液配方在室温下以 2 mA/cm^2 的电流密度进行电沉积试验,电沉积时间为 20 min,讨论两种不同的络合剂对 Cu-In 预制膜的影响,并确定最佳的络合剂种类。

表 3.8　不同络合剂的电解液组分

$CuCl_2$/(mol/L)	$InCl_3$/(mol/L)	H_4Cit/(mol/L)	TEA/(mol/L)	pH
0.01	0.025	0.857	0	2.10
0.01	0.025	0.571	0	2.10
0.01	0.025	0.343	0	2.10
0.01	0.025	0.290	0	2.10
0.01	0.025	0	0.5	2.20
0.01	0.025	0	0.6	2.20
0.01	0.025	0	0.7	2.50
0.01	0.025	0	0.8	2.20

由于 Cu 与 In 的标准平衡电极电位相差较大,仅靠 Cu^{2+} 和 In^{3+} 浓度的调整无法实现 Cu 和 In 的共沉积。加入适当的络合剂,可以大幅度降低游离 Cu^{2+} 的浓度,使其平衡电极电位接近 In 的平衡电极电位。从表 3.9 中可以看到,采用柠檬酸作为络合剂时,所得到的预制膜符合化学计量比,但是薄膜不均匀,出现部分脱落,可能是交换电流密度过大造成的。

表 3.9　不同种类络合剂的电沉积结果

络合剂	浓度/(mol/L)	Cu－In 预制膜的宏观形貌	原子百分含量/at.%		Cu/In 原子比
			Cu	In	
柠檬酸	0.571	灰色,不均匀,部分薄膜脱落	51.34	48.66	1.05
三乙醇胺	0.5	深灰色,均匀,覆盖完全	69.06	30.94	2.23

决定镀层质量的主要因素是电极反应速度,即交换电流密度。交换电流密度越大,电极反应越快,沉积时的超电压越小,镀层粗糙,致密性较差;反之,镀层精细致密。In 的交换电流密度较 Cu 大,在无络合剂的情况下一般只能得到疏松粗糙的镀层,甚至镀层在沉积的过程中会由于阴极析氢而造成脱落。从表 3.9 中还可以

看到,采用三乙醇胺作为络合剂电沉积制备 Cu - In 预制膜时,得到的薄膜均匀,没有脱落现象,但是无法得到符合化学计量比的预制膜。图3.17为不同浓度的三乙醇胺对预制膜成分的影响。从图中可以看出,不同浓度的三乙醇胺得到的预制膜中的 Cu/In 原子比都是大于2的,严重偏离了化学计量比。与柠檬酸相比,三乙醇胺对 Cu^{2+} 的络合作用较弱,Cu^{2+} 的活度降低较少;但三乙醇胺具有较强的表面活性,在电极表面有明显的吸附、阻碍阳离子放电的作用,即增大了极化过电位。因此,使用三乙醇胺作络合剂也可以满足 Cu、In 共沉积的条件,同时因增大了 In^{3+} 的极化过电位,可避免由 In 沉积速率过大导致的预制膜脱落,薄膜表面均匀性得到明显改善。

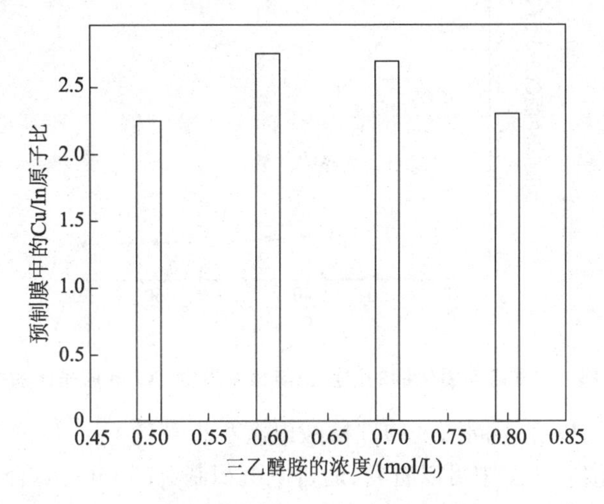

图3.17 预制膜中 Cu/In 原子比与三乙醇胺浓度的关系

通过以上结果分析可知,柠檬酸与 Cu^{2+} 有较强的络合作用,可以保证获得具有理想 Cu/In 原子比的 Cu - In 预制膜;而三乙醇胺具有较强的表面活性,可以改善预制膜的均匀性。因此,最佳选择是以柠檬酸作为主络合剂、三乙醇胺作为辅助络合剂制备 Cu - In 预制膜。

固定 $CuCl_2$ 与 $InCl_3$ 的浓度不变,按照表3.8以 Ti 片作为基体在室温下进行电沉积试验并分析 H_4Cit 与 $CuCl_2$ 的浓度比(c_{H_4Cit}/c_{CuCl_2})对 Cu - In 预制膜的影响。图 3.18 为不同的 c_{H_4Cit}/c_{CuCl_2} 对 Cu - In 预制膜成分的影响规律,从图中可以看出,当柠檬酸与氯化铜浓度比小于 40∶1 时,Cu - In 预制膜内的 Cu/In 原子比值远远大于 1;随着 c_{H_4Cit}/c_{CuCl_2} 值的增大,柠檬酸与 Cu^{2+} 的络合作用增强,溶液中游离态的 Cu^{2+} 活度降低,$\varphi_{Cu^{2+}/Cu}$ 负移,所以预制膜的 Cu/In 原子比不断降低,在 c_{H_4Cit}/c_{CuCl_2} 值超过 40∶1 时,可以得到 Cu/In 原子比略小于 1 的预制膜。

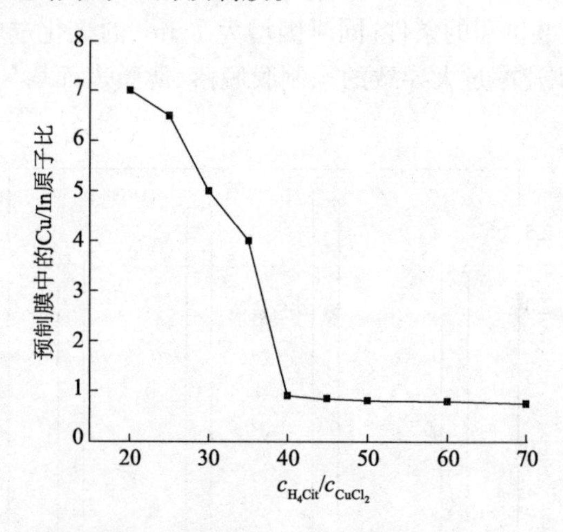

图 3.18　柠檬酸与氯化铜的浓度比与预制膜中 Cu/In 原子比的关系

图 3.19 是不同浓度的柠檬酸电沉积得到的 Cu - In 预制膜的 XRD 图谱。从图中可以看到,通过电沉积制备的 Cu - In 合金是一种由热力学不稳定相 CuIn 相(衍射峰的 2θ 角分别为 34.41°、38.24°、42.98°、59.90°和 26.76°)、Cu_2In 相(衍射峰的 2θ 角分别为 41.96°、29.32°)和单质 In 相(衍射峰的 2θ 角分别为 32.86°、36.20°和 69.47°)组成的混相结构;并且随着 c_{H_4Cit}/c_{CuCl_2} 的增大,Cu - In 合金由 CuIn + Cu_2In + In 的三相结构逐渐过渡为 CuIn + In 的两相结构。

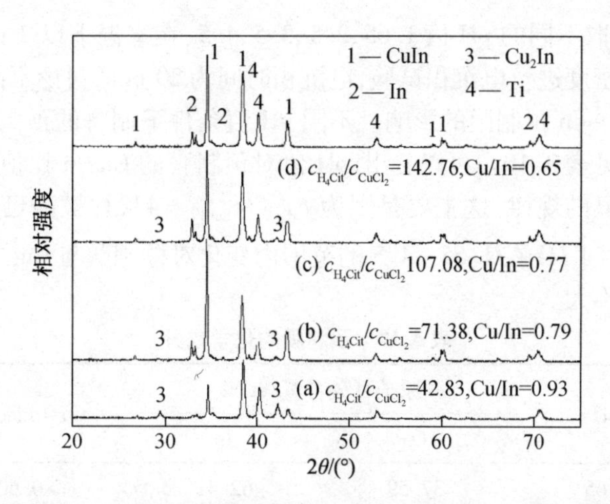

图3.19 不同浓度的柠檬酸电沉积得到的预制膜的XRD图谱

这种现象与金属的电结晶过程有关。金属的电结晶是指新生的吸附态金属原子沿电极表面扩散到适当位置(生长点)进入晶格生长,或与其他新生原子聚集而形成晶核并长大,从而形成晶体。吸附原子并入晶格过程的活化能涉及两个方面的能量变化:电子转移和反应粒子脱去水化层(或配位体)所需要的能量 ΔG_1;吸附原子并入晶格所释放的能量 ΔG_2。通常,在不同缺陷处并入晶格时释放的能量 ΔG_2 差别不大,而金属离子在电极表面不同位置放电、脱水化程度或脱去配位体的程度不同,故 ΔG_1 明显不同。当柠檬酸浓度较高时,络合物的稳定性较强(形成了更难放电的配合物),放电时脱去配位体所需的活化能(ΔG_1)较高,即 Cu^{2+} 电结晶时的活化能更大、更难放电,造成新生吸附态原子中Cu原子的含量较低(假设 In^{3+} 放电不受柠檬酸和 Cu^{2+} 放电的影响),所以形成晶格后更容易形成 Cu/In≤1 的相结构(例如CuIn相);相反,当柠檬酸浓度较低时,Cu^{2+} 电结晶的活化能降低,新生吸附态原子中Cu原子的含量较高,能够形成 Cu/In >1 的相结构(例如 Cu_2In 相)。

(2) pH值对Cu-In预制膜的影响

固定溶液中各个组分的浓度不变,分别为0.008 mol/L的 $CuCl_2$、0.02 mol/L的 $InCl_3$、0.343 mol/L的 H_4Cit、0.5 mol/L的

TEA,选取不同的 pH 值 1.65、2.5、3.5、4.5,在室温下以 2 mA/cm^2 的电流密度进行电沉积试验,电沉积时间为 20 min,讨论不同的 pH 值对 Cu - In 预制膜的影响。不同 pH 值条件下制备的预制膜的化学成分见表 3.10。可以看出,pH 值对预制膜的 Cu/In 比值的影响没有明显的规律,这主要是因为 $c_{H_4Cit}/c_{CuCl_2} \approx 43$,柠檬酸已经严重过量,此时 pH 在 1.65 ~4.5 的范围内变化对柠檬酸与 Cu^{2+} 的络合影响并不大。

表 3.10　预制膜的化学成分

pH	原子百分含量/at. %		Cu/In 原子比
	Cu	In	
1.65	37.59	62.41	0.60
2.5	44.33	55.67	0.80
3.5	38.73	61.27	0.63
4.5	40.97	59.03	0.69

(3) 电流密度对 Cu - In 预制膜的影响

在合金电沉积中,电流密度对合金成分的影响是非常明显的。塔菲尔公式揭示了过电位 $\Delta\varphi$ 和电流密度 i 之间的关系:

$$\Delta\varphi = a + b \cdot \log i \tag{3.13}$$

式中:过电位 $\Delta\varphi$ 和电流密度 i 均取绝对值;a 和 b 为两个常数。a 表示电流密度为单位数值(如 1 A/cm^2)时的过电位值,它的大小和电极材料的性质、电极表面状态、溶液组成及温度等因素有关。b 是一个主要与温度有关的常数。对大多数金属而言,常温下 b 约为 0.12。

电流密度的增加使阴极电位变负,这有利于合金成分中电位较负的金属含量的增加。另外,根据扩散理论,金属沉积的速率有上限,上限取决于该金属离子通过阴极扩散层的速率。在给定电流密度下,电极电位较正的金属的沉积速率比电位较负的金属更容易接近极限值。因此,增加电流密度也会有助于电极电位较负的金属沉积速率的增加。

固定电解液组分为 0.01 mol/L $CuCl_2$、0.025mol/L $InCl_3$、0.714 mol/L H_4Cit、0.5 mol/L TEA，pH 值为 3.5，选取不同的电流密度 1.5、1.6、1.8、2、3、4 mA/cm^2，电沉积时间为 20 min，研究不同的电流密度对 Cu－In 预制膜的影响。

图 3.20 为电流密度与预制膜中 Cu/In 原子比的关系曲线。从图中可以看出，当电流密度小于 2 mA/cm^2 时，Cu－In 预制膜的 Cu/In 原子比大于 1；随着电流密度的增大，Cu/In 原子比急剧下降，当 $i=2$ mA/cm^2 时，Cu/In 原子比等于 0.67。但是，研究发现当电流密度大于 4 mA/cm^2 时，阴极出现了明显的析氢反应，镀层均匀性变差，所以电流密度应当控制在 4 mA/cm^2 以下。

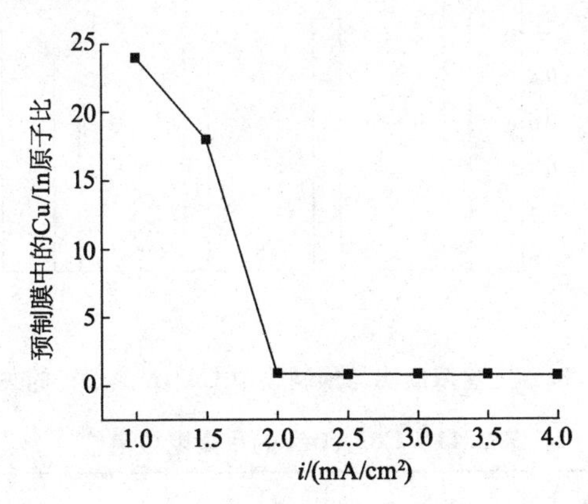

图 3.20 电流密度与预制膜中 Cu/In 原子比的关系

此外，图 3.20 所反映出的关系曲线满足正则共沉积的特点：

① 在低电流密度区，电沉积的主要是电位较正金属；

② 随电流密度增加，合金中电位较正金属的含量急剧减少；

③ 当电流密度继续增加时，电位较正金属在合金中的含量不再变化。

所以，铜铟共沉积属于正则共沉积。

(4) 主盐浓度对 Cu－In 预制膜的影响

在多数情况下，电解液中金属离子的浓度是决定合金成分的主要因素。除平衡共沉积外，合金中的金属原子比都不同于金属离子浓度比。

固定 $CuCl_2$ 的浓度为0.01 mol/L，H_4Cit 的浓度为0.714 mol/L，TEA的浓度为0.5 mol/L，pH值为2，$InCl_3$ 的浓度分别为0.01、0.02、0.03、0.04 mol/L进行电沉积，主盐浓度比与预制膜中Cu/In原子比的关系如图3.21所示。计算 Cu^{2+}、In^{3+} 的平衡电极电位，结果见表3.11。

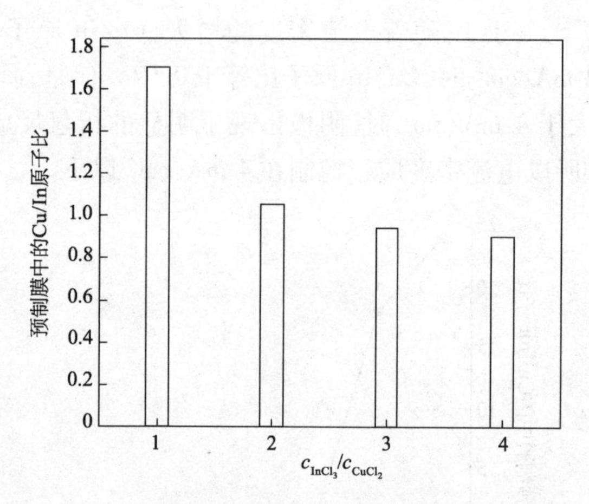

图3.21　主盐浓度比与预制膜中Cu/In原子比的关系

表3.11　Cu^{2+}、In^{3+} 的平衡电极电位

$InCl_3$/(mol/L)	$\varphi_{Cu络合}$/V	$\varphi_{In^{3+}/In}$/V
0.01	−0.3846	−0.3910
0.02	−0.3846	−0.3851
0.03	−0.3846	−0.3816
0.04	−0.3846	−0.3791

当 $c_{InCl_3}/c_{CuCl_2}=1$ 时，$\varphi_{In^{3+}/In}$ 略小于 $\varphi_{Cu络合}$，虽然可以实现Cu、In共沉积，但是预制膜的Cu/In > 1；随着 c_{InCl_3}/c_{CuCl_2} 比值的升高，$\varphi_{In^{3+}/In}$ 逐渐接近并超过 $\varphi_{Cu络合}$，预制膜的Cu/In比值逐渐减小并趋于稳定，薄膜颜色也由 $c_{InCl_3}/c_{CuCl_2}=1$ 时的灰黑色逐渐变成灰白色。图3.21所反映出的规律再次证明了Cu、In共沉积属于正则共沉积类型，即薄膜中某一元素的含量随电解液中对应离子浓度的增加

而增加。

3.3.3　超声波共沉积制备 Cu – In 预制膜

采用超声波共沉积法在不锈钢基体和钼基体上制备 Cu – In 预制膜,采用 H_4Cit 为络合剂,H_4Cit 与 $CuSO_4 \cdot 5H_2O$ 的浓度比为 40∶1,用 NaOH 和 H_2SO_4 调节 pH 值,加入 0.01 mol/L 的 Na_2SO_4 以溶液增加导电性能,超声波频率为 40 kHz,超声振荡的同时进行电沉积。

(1) 主盐浓度比对 Cu/In 原子比的影响

如表 3.12 所示,固定电解液中 $In_2(SO_4)_3$ 的浓度为 0.020 mol/L,pH 为 2.0,选取不同浓度的 $CuSO_4$(H_4Cit 的浓度随 $CuSO_4$ 的浓度而变化),在电流密度为 25 mA/cm^2、超声功率为 50 W 的条件下,在钼基体上超声波共沉积制备 Cu – In 预制膜,研究电解液中不同的 $c_{In^{3+}}/c_{Cu^{2+}}$ 对 Cu – In 预制膜中 Cu/In 原子比的影响规律。

表 3.12　电解液的组分

$CuSO_4$/(mol/L)	$In_2(SO_4)_3$/(mol/L)	H_4Cit/(mol/L)	Na_2SO_4/(mol/L)	pH	$c_{In^{3+}}/c_{Cu^{2+}}$
0.020		0.800			2
0.018		0.720			2.2
0.016	0.020	0.640	0.01	2.0	2.5
0.013		0.533			3.07
0.011		0.460			3.64

研究结果如表 3.13 与图 3.22 所示。由表 3.15 可以看出,Cu – In 预制膜中 Cu/In 原子比随电解液中 $c_{In^{3+}}/c_{Cu^{2+}}$ 的提高而减小;电解液中 $c_{In^{3+}}/c_{Cu^{2+}}$ 在 2 ~ 2.5 变化时,Cu – In 预制膜中 Cu/In 原子比急剧减小,由 3.52 减小至 1.41,且都为富铜薄膜,不符合所需 Cu – In 预制膜的计量比要求;电解液中 $c_{In^{3+}}/c_{Cu^{2+}}$ 在 3 ~ 3.6 变化时,Cu – In 预制膜中 Cu/In 原子比的变化趋于平缓,由 0.71 减小至 0.64,薄膜富铟,符合所需 Cu – In 预制膜的计量比要求。图 3.22 的曲线反映出正则共沉积的规律,即薄膜中的 In 含量随电解

液中 In^{3+} 浓度的增加而增加。由此可以得出,在其他条件不变的情况下,要得到富铟的 Cu - In 预制膜,电解液中 $c_{In^{3+}}/c_{Cu^{2+}}$ 应在 3.0 到 3.6 之间。

表 3.13　不同主盐浓度比下沉积所得预制膜的成分

$c_{In^{3+}}/c_{Cu^{2+}}$	原子百分含量/at.%		Cu/In 原子比
	Cu	In	
3.64	39.02	60.98	0.64
3.07	41.52	58.48	0.71
2.5	58.51	41.49	1.41
2.2	71.18	28.82	2.47
2	77.88	22.12	3.52

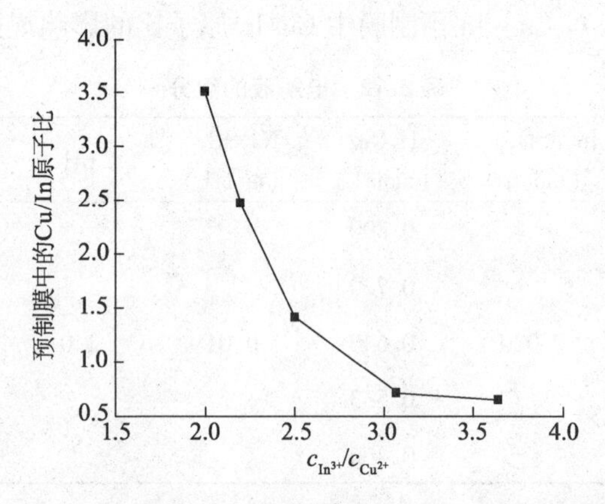

图 3.22　主盐浓度比与预制膜中 Cu/In 原子比的关系

(2) 超声波功率对 Cu/In 原子比的影响

固定电解液组分为 0.011 mol/L $CuSO_4$, 0.020 mol/L $In_2(SO_4)_3$, 0.460 mol/L H_4Cit, pH 值为 2.0, 固定电流密度为 20 mA/cm², 选取不同的超声波功率 50、40、30、20 W 在钼基体上超声波电沉积 Cu - In 预制膜,研究不同的超声波功率对 Cu - In 预制膜的影响,其结果如表 3.14 和图 3.23 所示。可以看出,Cu - In 预制膜中的 Cu/In 原子比随着超声功率的增大而增加,两者几乎呈线性关系;超声波功率为 50 W 时，所得 Cu－In 预制膜中的 Cu/In 原子比为 0.64，最符合 Cu－In 预制膜富铟的要求。

表 3.14　不同超声波功率下沉积所得预制膜的成分

超声波功率/W	原子百分含量/at.%		Cu/In 原子比
	Cu	In	
20	31.97	68.03	0.47
30	34.21	65.79	0.52
40	37.89	62.11	0.61
50	39.02	60.98	0.64

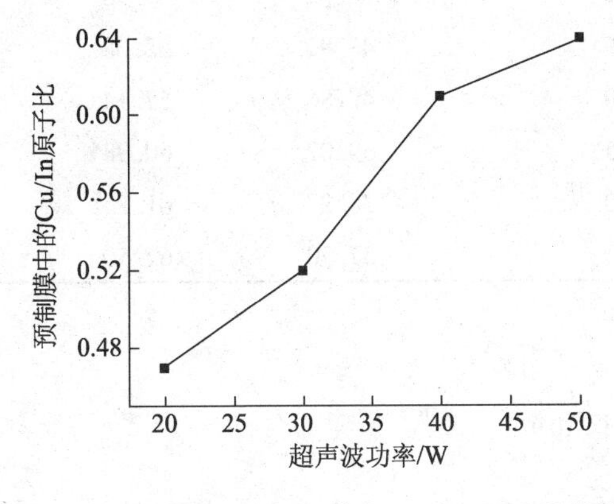

图 3.23　超声波功率与预制膜中 Cu/In 原子比的关系

（3）电流密度对 Cu/In 原子比的影响

固定电解液组分为 0.011 mol/L $CuSO_4$，0.020 mol/L $In_2(SO_4)_3$，0.460 mol/L H_4Cit，pH 值为 2.0，固定超声波功率为 50 W，选取不同的电流密度 10、15、20、25、30 mA/cm^2 在钼基体上超声波电沉积 Cu－In 预制膜，研究不同的电流密度对 Cu－In 预制膜的影响，其结果如表 3.15 和图 3.24 所示。从中可以看出，预制膜中的 Cu/In 原子比随电流密度的增加而减小；其他条件不变的情况下，电流密度在 15～35 mA/cm^2 之间变化，可以得到富铟的 Cu－In 预制膜。电流密度小于 12 mA/cm^2 时，镀层覆盖不完全；电流密度大于

35 mA/cm^2 时,预制膜发黑,出现“烧焦”现象。超声波电沉积与前面所述的普通电沉积相比,所需要的电流密度明显增大,这主要是因为超声波的振荡加快了溶液中离子的扩散过程,从而减弱了浓差极化作用,就需要更大的电流密度来使阴极达到离子沉积所需要的过电位。从以上分析可以看出,可以利用电流密度来控制预制膜中的 Cu/In 原子比。

表 3.15　不同电流密度下沉积所得预制膜的成分

电流密度/(mA/cm^2)	原子百分含量/at. %		Cu/In 原子比
	Cu	In	
12	50.02	49.98	1
15	47.92	52.08	0.92
20	42.86	57.14	0.75
25	39.02	60.98	0.64
30	38.27	61.73	0.62
35	37.50	62.50	0.6

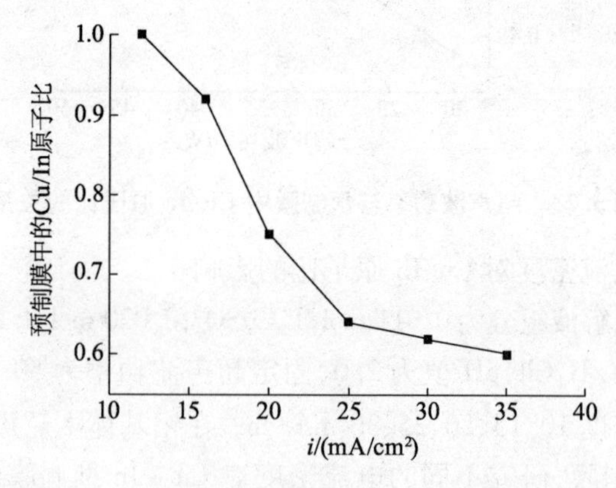

图 3.24　电流密度与预制膜中 Cu/In 原子比的关系

电解液组分为 0.011 mol/L $CuSO_4$、0.020 mol/L $In_2(SO_4)_3$、0.460 mol/L H_4Cit,pH 值为 2.0,超声波功率为 50 W,不同的电流密度下,在钼基体上超声波电沉积所得到的预制膜的表面形貌如

图3.25所示。从图中可以看出,合金膜比较均匀,颗粒细小,这是由超声的空化作用所造成的,超声产生的空化作用可在电极表面形成更多的缺陷,从而增加晶体的形核数目,同时超声波的空化作用产生的强大冲击力可以将结合不牢固、异常长大的晶粒击碎。随着电流密度的增大,合金膜更加均匀、颗粒更加细小,电流密度为30 mA/cm² 时的颗粒尺寸明显小于电流密度为12 mA/cm² 时的颗粒尺寸,主要原因是电流密度增大会提高阴极极化,从而提高过电位,使形核数增加。

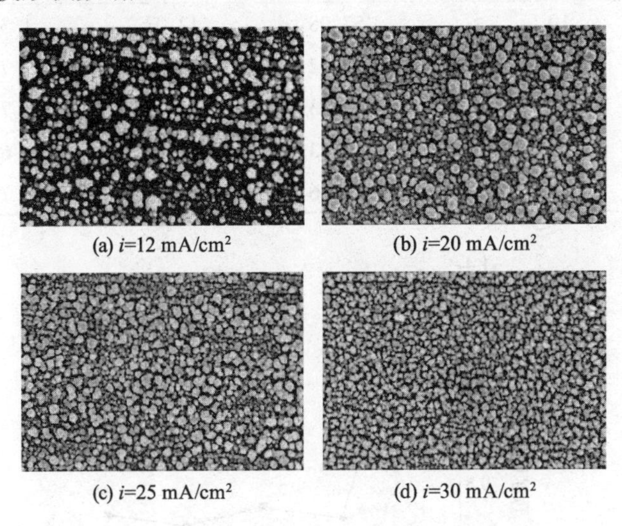

(a) i=12 mA/cm² (b) i=20 mA/cm²

(c) i=25 mA/cm² (d) i=30 mA/cm²

图3.25 不同电流密度下预制膜的表面形貌

固定电解液组分为 0.011 mol/L $CuSO_4$、0.020 mol/L $In_2(SO_4)_3$、0.460 mol/L H_4Cit,pH值为2.0,超声功率为50 W,选取不同的电流密度10、15、20、25、30 mA/cm² 在不锈钢基体上超声波电沉积Cu-In预制膜,所得到Cu-In预制膜的Cu/In原子比与电流密度的关系如表3.16和图3.26所示。可以看到,电流密度从10 mA/cm² 增加至15 mA/cm² 时,Cu-In预制膜的Cu/In原子比急剧下降,由1.38下降至0.71;电流密度在15~30 mA/cm² 之间变化时,Cu-In预制膜的Cu/In原子比变化不大,在0.7左右。电流密度小于10 mA/cm² 时,镀层覆盖不完全;电流密度大于

30 mA/cm^2 时,预制膜发黑,出现"烧焦"现象,这些实验现象与钼基底的区别不大。由以上分析可以得出,在不锈钢基体上超声波共沉积制备 Cu - In 预制膜时,其他条件不变,电流密度在 15 ~ 30 mA/cm^2 之间变化时,均可以得到所需的富铟的 Cu - In 预制膜。

表 3.16　不同电流密度下沉积所得预制膜的成分

电流密度/(mA/cm^2)	原子百分含量/at.%		Cu/In 原子比
	Cu	In	
10	57.98	42.02	1.38
15	41.52	58.48	0.71
20	42.53	57.47	0.74
25	40.83	59.17	0.69
30	41.86	58.14	0.72

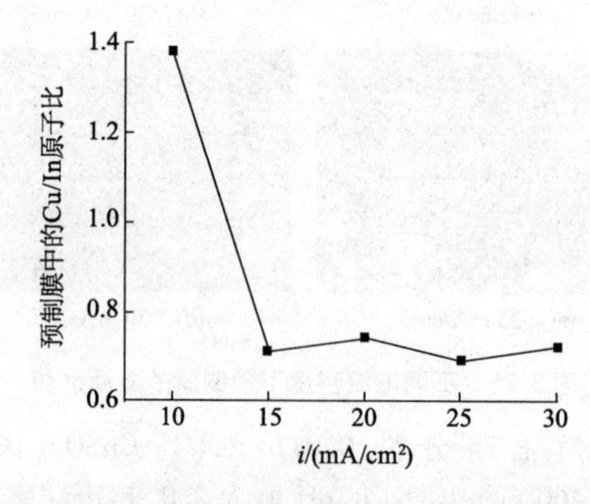

图 3.26　电流密度与预制膜中 Cu/In 原子比的关系

图 3.27 是电流密度为 15、30 mA/cm^2 时在不锈钢基体上超声波电沉积所得到的 Cu - In 预制膜的表面形貌。从图中可以看出,合金膜呈颗粒堆积状,比较均匀,颗粒细小。电流密度为 15 mA/cm^2 时,颗粒尺寸在 1 ~ 2 μm 之间;电流密度为 30 mA/cm^2 时,小于 1 μm 的颗粒明显增多,主要原因是电流密度增大导致过电位增大,形核数增加。

图 3.27 不同电流密度下预制膜的表面形貌

（4）Cu－In 预制膜的相组成

通过前面的研究可知，可以用电流密度和主盐浓度比来控制 Cu－In 预制膜的 Cu/In 原子比。选用表 3.15 中 Cu/In 原子比为 0.75、1 和表 3.13 中 Cu/In 原子比为 1.41 的试样进行相分析，试样编号分别设为 a、b 和 c，研究不同成分的预制膜的相组成。图 3.28 中的 a、b、c 曲线分别是 Cu/In 原子比为 0.75、1、1.41 的 XRD 图谱，从图中可以看出，Cu/In 原子比为 0.75 时，预制膜富铟，主要的相为 CuIn，还有少量的 In 相；Cu/In 原子比为 1 时，预制膜主要的相组成为 CuIn，同时还有少量的 $Cu_{11}In_9$ 和 In；Cu/In 原子比为 1.41 时，预制膜主要为 CuIn 相和 $Cu_{11}In_9$ 相。XRD 的分析结果与预制膜中的 Cu/In 原子比相符。

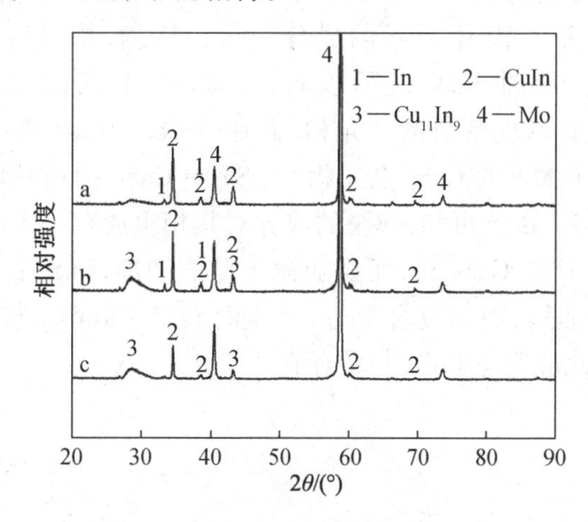

图 3.28 Cu－In 预制膜的 XRD 图谱

3.3.4 Cu – In 预制膜的硒化反应研究

将上述超声波共沉积制备的 a、b、c 三个试样在 300 ℃下的硒蒸气中硒化处理，保温时间为 30 min，硒化后所得试样分别记为 S1、S2、S3。表 3.17 为所得到的 $CuInSe_2$ 薄膜的化学成分。S1 试样的成分比较符合 $CuInSe_2$ 薄膜的化学计量比，而 S2、S3 试样富铜，同时可以看到，硒化过程中三个试样都有一部分的铟损失，而且硒都有稍微过量的情况，这可能是由于在冷却过程中，有少量的硒沉积在薄膜表面而造成的。

表 3.17 $CuInSe_2$ 薄膜的化学成分

试样编号	原子百分含量/at. %		
	Cu	In	Se
S1	22.31	23.36	54.33
S2	27.64	20.33	52.30
S3	30.35	17.64	52.01

图 3.29 为试样 S1、S2、S3 的 XRD 分析结果。从图中可以看到，三个试样都具有 $CuInSe_2$ 的(112)、(204)、(312)的特征峰，对应的 2θ 角分别为 26.69°、44.31°、52.3°，而且在(112)面上择优取向，说明在表 3.19 中所示的成分变化范围内，均可得到大量的 $CuInSe_2$ 相。从图 3.29 还可以看出，薄膜 S1 试样的相组成为 $CuInSe_2$，没有发现其余的二元相，而在 S2、S3 中，除了 $CuInSe_2$ 以外，还发现了大量的 CuSe 杂质相，且 S3 中 CuSe 的相对峰值最强，CuSe 也最多。由此可知，薄膜的成分对其相组成有一定的影响，富铜薄膜中会产生 CuSe 相，而且随铜含量的增加，CuSe 的含量也增加。CuSe 相是较强的复合中心，严重时会使 $CuInSe_2$ 材料失去光伏性能，因此应避免 CuSe 相的存在。

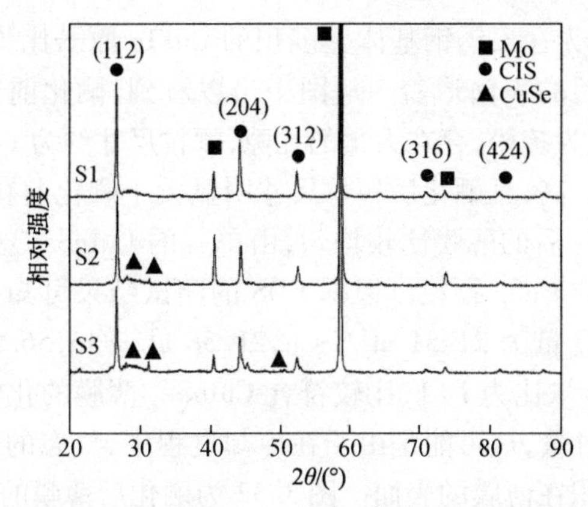

图 3.29　钼基底上 $CuInSe_2$ 薄膜的 XRD 图谱

图 3.30 钼基体上为 $CuInSe_2$ 薄膜的表面形貌，可以看出 S1 试样中颗粒呈球形，尺寸较大，约为 2 μm，结晶性不是很好。从 S2 试样的表面形貌可以看到，大量的规则形状的小颗粒均匀分布，较大的片状的颗粒分布在小颗粒中间，根据前面的成分分析及 XRD 分析，可以确定较大的片状颗粒为 CuSe。从 S3 试样的表面形貌可以看到，薄膜结晶性比较好，CuSe 颗粒均匀分布。从以上分析可以得出，薄膜成分影响其表面形貌，随着薄膜中铜含量的增加，薄膜的结晶性变好。

(a) S1　(b) S2

(c) S3

图 3.30　钼基体上 $CuInSe_2$ 薄膜的表面形貌

图3.31为在不锈钢基体上沉积的Cu/In原子比为0.74的预制膜硒化前后的表面形貌。从图中可以看到,硒化前预制膜呈颗粒堆积状,较为疏松,存在大量的孔隙,颗粒尺寸约为1 μm,硒化后致密度有所提高,且硒化后颗粒尺寸明显大于硒化前颗粒尺寸,约为2μm。硒化后的薄膜比较均匀,由单一的$CuInSe_2$颗粒组成,没有发现较大的CuSe颗粒。根据EDS的测试结果可知预制膜硒化后各元素的含量为21.51 at.% Cu,21.56 at.% In,56.92 at.% Se,Cu和In的含量比为1∶1,比较符合$CuInSe_2$薄膜的化学计量比要求,而Se稍过量,这可能是由于在冷却过程中,气态的硒蒸气凝华时有少量沉积在薄膜的表面。图3.32为硒化后薄膜的XRD图谱,从图中可以看到,硒化后的薄膜由$CuInSe_2$的单一相组成,没有其他的杂质相。由此可知,在不锈钢基体上超声波电沉积得到的预制膜硒化后可以得到致密的、符合化学计量比的、由单一$CuInSe_2$相组成的$CuInSe_2$薄膜。

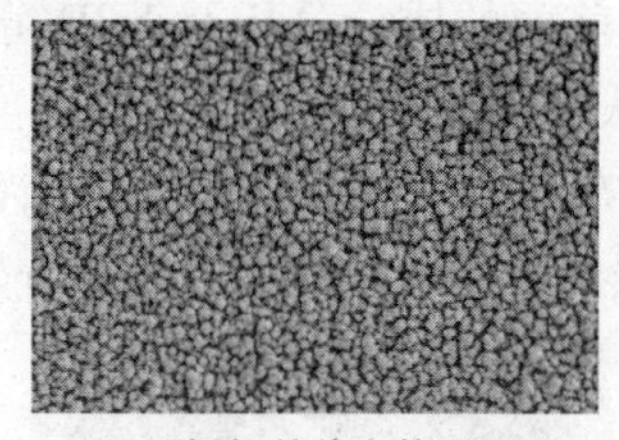

(a) 不锈钢基体上的预制膜

(b) 硒化后的薄膜

图3.31　不锈钢基体上制备的预制膜硒化前后的表面形貌

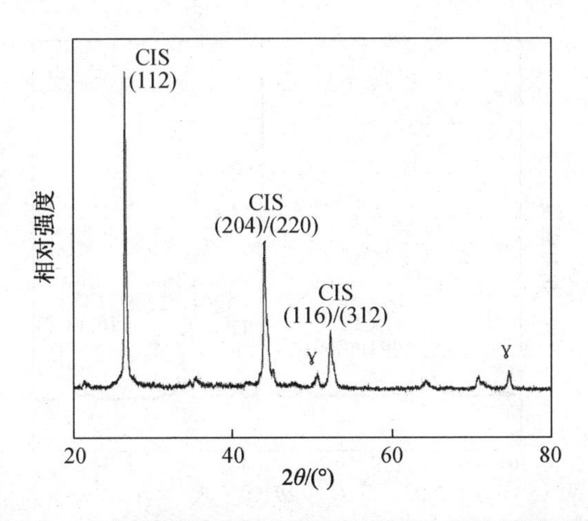

图 3.32　不锈钢基体上制备的预制膜硒化后的 XRD 图谱

图 3.33 为表 3.10 中 Cu/In 原子比为 0.8 的钛基体上预制膜硒化前后的表面形貌，可以看到，硒化前预制膜为絮状，硒化后结晶度有所提高，但是非常疏松，硒化后的薄膜比较均匀，没有发现 CuSe 颗粒。预制膜硒化后的元素含量为 23.93 at.% Cu，24.81 at.% In，51.26 at.% Se，符合 $CuInSe_2$ 薄膜的化学计量比要求。图 3.34 为硒化后薄膜的 XRD 图谱，硒化后的薄膜由 $CuInSe_2$ 的单一相组成，没有其他杂质相。

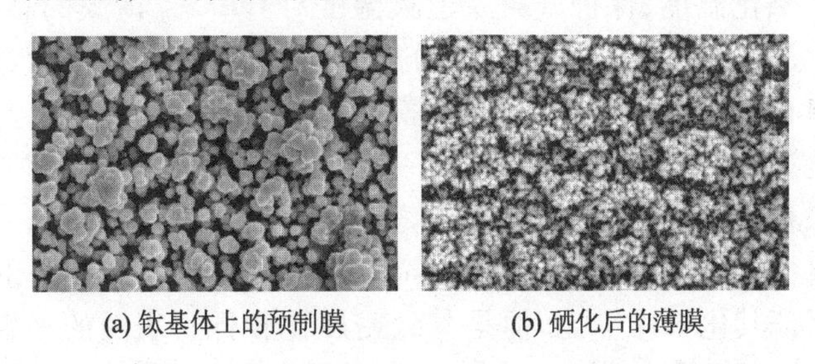
(a) 钛基体上的预制膜　　(b) 硒化后的薄膜

图 3.33　钛基体上制备的预制膜硒化前后的表面形貌

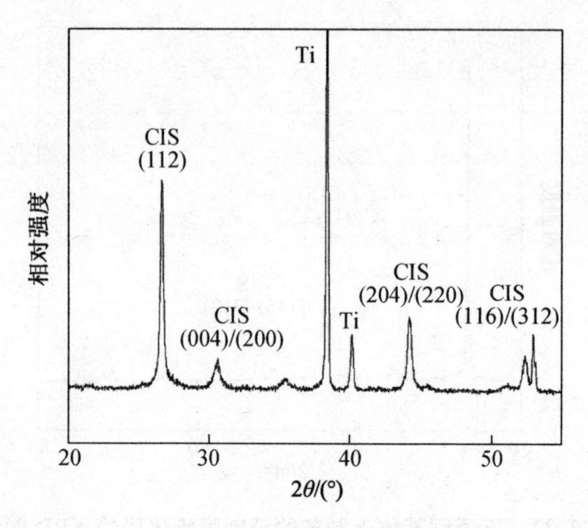

图 3.34　钛基体上制备的预制膜硒化后的 XRD 图谱

3.4　硒化过程及薄膜致密化的研究

在 $CuInSe_2$ 薄膜的制备过程中,Cu - In 膜的质量和硒化条件对薄膜的结构特性具有重要的影响,一些文献曾介绍过预制膜成分、硒化温度、退火温度等条件对 $CuInSe_2$ 薄膜质量的影响,本小节系统介绍硒化温度、保护气氛及退火温度对 $CuInSe_2$ 薄膜的影响,并对硒化过程的热力学过程进行分析,为掌握各元素百分含量的变化规律和进一步提高 $CuInSe_2$ 薄膜的质量提供有益的借鉴。

电沉积制备 $CuInSe_2$ 薄膜是一种低成本的方法,与真空溅射和蒸镀法相比,其所制备的 $CuInSe_2$ 基太阳能电池效率较低,主要原因是电沉积无法得到高质量的 $CuInSe_2$ 薄膜。电沉积制备的薄膜可以保证其化学计量比,但是其致密度比较低且表面的平滑性比较差。表面平滑、致密的 $CuInSe_2$ 薄膜是保证高效率太阳能电池的条件。表面粗糙、疏松的 $CuInSe_2$ 薄膜会导致其与背电极及缓冲层之间的结合不好,从而易发生局部短路等现象,降低其转化效率。硒化法制备 $CuInSe_2$ 薄膜时,这种现象尤其严重,即使制备出致密、平滑的 Cu - In 预制膜,硒化后的薄膜也很疏松,表面非常粗糙。

有些研究者对 $CuInSe_2$ 薄膜的致密化进行了研究，但是只集中于电沉积阶段，致力于通过改变电沉积工艺参数得到较好的表面形貌和较高的致密度。本小节将介绍改善 $CuInSe_2$ 薄膜的致密化及表面平滑性的另外一种技术，不是在电沉积阶段改善薄膜质量，而是在硒化得到符合化学计量比的 $CuInSe_2$ 薄膜后，对 $CuInSe_2$ 薄膜进行压制处理，来提高其致密度，并改善薄膜的表面形貌。

3.4.1 硒化热力学分析

图 3.35 为硒的蒸气压随温度变化的关系曲线，硒的熔点为 217 ℃，当温度超过 200 ℃时，硒气压开始上升，压强的增加与温度的增加近似呈直线关系，当温度超过 240 ℃时，气压稳定在 5.5 Pa。图 3.35 表明 250 ℃是可以获得稳定硒蒸气压的最低温度。

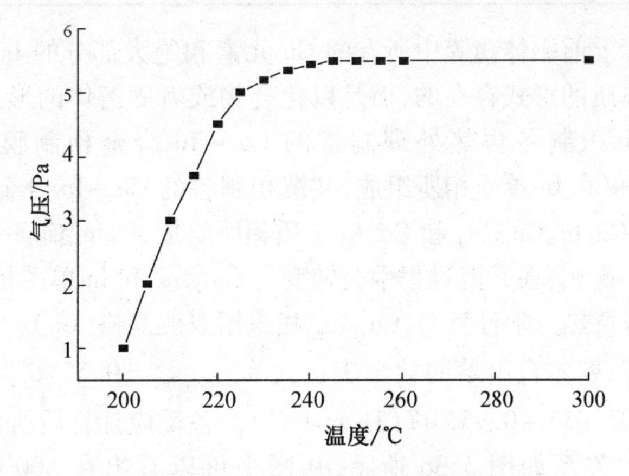

图 3.35 硒的蒸气压与温度的关系曲线

在硒化过程中，体系内可能发生的反应如下：单质 Se 首先与 In、Cu 元素发生反应，分别生成二元化合物 In_xSe 和 Cu_ySe（$y=2$、3/2、1、1/2），In_xSe 和 Cu_ySe 进而相互反应形成 $CuInSe_2$。

$$x\text{In} + \text{Se} \xlongequal{\quad} \text{In}_x\text{Se}$$

$$y\text{Cu} + \text{Se} \xlongequal{\quad} \text{Cu}_y\text{Se}$$

$$\text{Cu}_{11}\text{In}_9 + (9/x + 11/y)\ \text{Se} \xlongequal{\quad} 9/x\ \text{In}_x\text{Se} + 11/y\ \text{Cu}_y\text{Se}$$

$$\text{In}_x\text{Se} + \text{Cu}_y\text{Se} \longrightarrow \text{CuInSe}_2$$

计算在不同的温度下各个反应的吉布斯自由能变化 ΔG，反应式中各物质的标准生成自由能 ΔG_f 取自 BARIN 热力学数据库(见表3.18),硒蒸气的压强近似取其在 250 ~ 300 ℃时的蒸气压值 5.5 Pa,所以其分压为 0.0005 atm。

表 3.18　各物质的标准生成自由能 ΔG_f

绝对温度/K	Cu(s)/kJ	$CuInSe_2$(s)/kJ	CuSe(s)/kJ	In(l)/kJ	InSe(s)/kJ	In_2Se_3(s)/kJ	Se(g)/kJ
500		-1011.261	-45.672		-107.937	-307.218	168.525
600		-1176.398	-46.957		-103.819	-305.728	156.723
700	0	-1343.363	-48.601	0	-99.545	-298.515	145.140
800		-1511.838	-50.542		-95.163		133.740
900		-1681.593	-52.733		-90.707		122.499

实际上前驱体薄膜中所有的 Cu 元素和绝大部分的 In 元素都不是以单质的形式存在的,而是以化合物或者固溶体的形式存在。分层电沉积制备再热处理制备的 Cu - In 合金预制膜主要由 $Cu_{11}In_9$ 和Cu、In 单质相所组成,共沉积制备的 Cu - In 合金预制膜由 CuIn、Cu_2In、$Cu_{11}In_9$ 和 Cu、In 单质相所组成,CuIn、Cu_2In 相为非热力学平衡相,在升温过程中会转变为 $Cu_{11}In_9$ 和 In 单质相。

在进行热力学计算时,$Cu_{11}In_9$ 相采用双亚晶格$(Cu)_{0.55}(In)_{0.45}$ 模型描述,摩尔自由焓的数学表达式为 $G_{Cu_{11}In_9} = 0.55°G_{Cu}^{fcc} + 0.45°G_{In}^{tetr} - 7105.055 + 0.9533\ T(J \cdot mol^{-1})$。各反应计算后所得的 ΔG 与温度的关系如图 3.36 所示,从图中可以看出在 500 ~ 900 K (226.85 ~ 626.85 ℃)之间各反应的标准自由能变化均小于 0,反应的标准自由能变化为负值,反应可以向正向进行。通过以上分析可知,硒化温度在 250 ~ 300 ℃ 范围内,各反应均可以进行,$CuInSe_2$ 相也可以在此温度下形成。

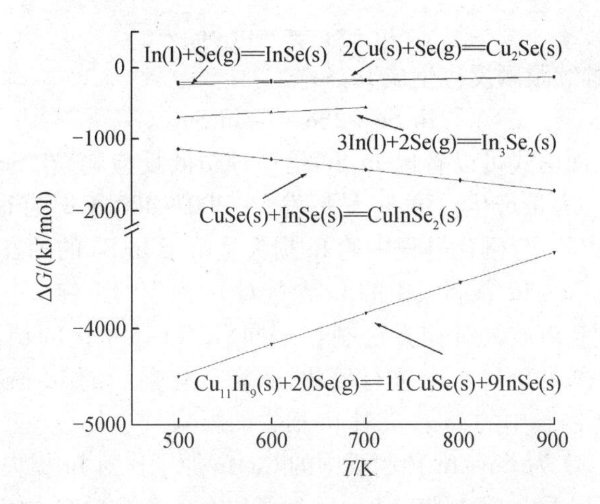

图 3.36　Cu、In 和 $Cu_{11}In_9$ 的硒化反应自由能变化与温度的关系图

3.4.2　硒化过程中的 In 损失分析

固态源硒化法是首先在衬底上制备 Cu－In 预制膜，然后在 Se 气氛中硒化形成 $CuInSe_2$ 薄膜，具有设备简单、操作安全、不需要严格的控制条件等优点；但在硒化过程中会出现 In 损失的现象，同时也会造成薄膜疏松、有大量孔洞，严重影响薄膜质量和电池性能。因此，关于 In 损失的研究对于控制固态源硒化工艺方法来说具有重要的意义。

首先对 In 损失机理进行分析，由于 In 的熔点为 154.61 ℃，所以在硒化温度下，In 单质是以液态形式存在的，要研究在硒化过程中 In 单质是否挥发，就要对 In 的蒸气压进行计算，计算方法如下：

通常材料的蒸气压与温度之间的近似关系为

$$\lg P = A - B/T \tag{3.14}$$

式中：A、B 分别为与材料有关的常数；T 为蒸发温度，K；P 为蒸气压，mmHg。对于纯金属 In 来说，$A = 11.23$，$B = 12480$。

根据式(3.14)计算出 250 ℃和 300 ℃的 $\lg P$ 分别为 －12.63 和 －10.55，可以看出在硒化温度下，In 的蒸气压非常小，趋近于 0，所以在硒化过程中，In 的单质相不会损失。

在硒化过程中，如果硒含量不足，就会发生如下反应：

$$2In + Se = In_2Se$$

In_2Se 会继续跟硒反应生成 In_2Se_3:

$$In_2Se + 2Se = In_2Se_3$$

从上面两式可以看出 In_2Se 是一种中间反应物,在 Se 含量不足时,就会大量产生。In_2Se 易挥发,在 300 ~ 400 ℃时有很高的蒸气压,可以确定,硒化过程中的 In 损失是由于 In_2Se 的挥发。

(1) Cu – In 预制膜中的 In 含量对 In 损失的影响

采用超声波共沉积方法制备不同 Cu/In 原子比的预制膜,随后在 300 ℃的硒气氛中进行硒化,研究硒化前后的 In 损失,分析 Cu – In 预制膜中的 In 含量对 In 损失的影响。

图 3.37 为 Cu – In 预制膜中的 Cu/In 原子比对 In 损失的影响。从图中可以看出,预制膜的 Cu/In 原子比在 0.4 至 0.85 之间变化时,In 损失急剧下降,由 33% 下降到 17%;预制膜的 Cu/In 原子比在 0.85 至 1.4 之间变化时,In 损失趋于稳定,约为 17%。由此可知,当预制膜中的 In 含量相对较多时,其硒化过程中的 In 损失也较多。超声波共沉积得到的预制膜由 CuIn、$Cu_{11}In_9$ 和 In 相组成,大部分为 CuIn 亚稳相,在加热过程中 CuIn 相会转变为 $Cu_{11}In_9$ 和 In 相。预制膜中的 In 含量较高时,会导致膜中 In 单质相较多,在 In 和 Se 反应过程中造成局部 In 过量,也就是 Se 不足,从而使生成 In_2Se 的反应加快,In_2Se 产物较多,最终导致 In 的大量损失。

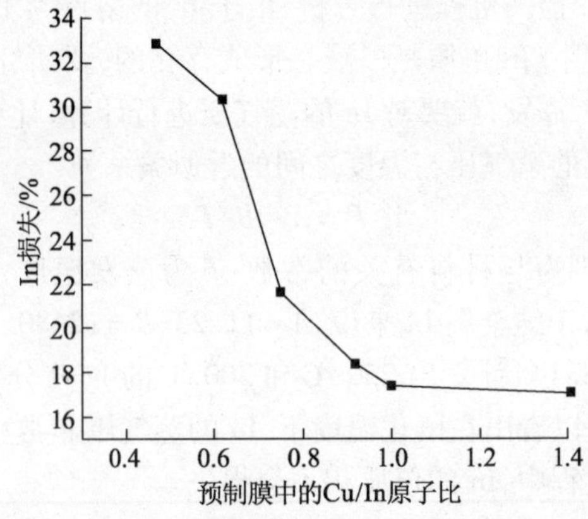

图 3.37　Cu – In 预制膜中的 In 含量与 In 损失的关系

(2) Cu - In 预制膜致密度和相组成对 In 损失的影响

对不同致密度的 Cu - In 预制膜进行硒化处理，分析硒化前后 In 含量的损失。分别选用在钛基体和不锈钢基体上超声波电沉积所制备的试样，钛基体上的预制膜与不锈钢基体上的预制膜相比更为疏松，经过硒化处理后，钛基体上的预制膜的 Cu/In 原子比由原来的 0.8 变为 1，而不锈钢基体上的预制膜的 Cu/In 原子比由原来的 0.74 变为 1。造成这种现象的原因可能是致密的薄膜不利于 Se 的扩散，导致 Se 含量局部不足，从而产生更多的 In_2Se，In_2Se 的挥发导致更多 In 的损失。另外，钛基体上得到的预制膜由 CuIn、Cu_2In 和单质 In 相组成，不锈钢基体上得到的预制膜由 CuIn、$Cu_{11}In_9$ 和 In 相所组成，根据Cu - In 合金相图可知，CuIn 相和 Cu_2In 相都是热力学不稳定相，加热时会发生分解。不锈钢基体上得到的预制膜在加热过程中，CuIn 相分解并优先在表面析出单质 In 和 $Cu_{11}In_9$ 相，造成 In 的不均匀分布，从而会生成 In_2Se，导致 In 的损失。钛基体上得到的预制膜中的 Cu_2In 相在分解产生 $Cu_{11}In_9$ 相的同时，还会吸收周围的 In 原子以减少单质 In 的析出量，从而降低 In 的浓度，减少 In 的损失。

3.4.3　$CuInSe_2$ 薄膜致密化的研究

采用固态源硒化法制备 $CuInSe_2$ 薄膜，虽然得到了符合化学计量比的 $CuInSe_2$ 薄膜，但是硒化后的薄膜非常疏松，表面也非常粗糙。采用两种不同的压制方法提高 $CuInSe_2$ 薄膜的致密度，并改善薄膜的表面形貌，一种是在室温下压制，另一种是将薄膜加热到一定温度后进行压制。图 3.38 为钛基体上的 $CuInSe_2$ 薄膜在不同压力下压制后的表面形貌，温度为室温。图 3.38a 为硒化后得到的 $CuInSe_2$ 薄膜，没有经过压制，可以看出薄膜非常疏松，1 μm 左右的颗粒堆积在基体表面，薄膜的表面很粗糙。在 100 MPa 的压力下压制后薄膜的表面略有改善，但还是存在许多孔洞。200 MPa 的压力下压制后，薄膜表面有了较大的改善，大量的孔洞已经消失，表面也很光滑，但是还存在少量的缝隙。300 MPa 的压力下压制后，薄膜表面非常光滑、致密。从以上分析可以看出，随着压力的增加,薄膜的致密度及表面平滑性不断提高,在 300 MPa 的压力下压制可得到优良的表面形貌。

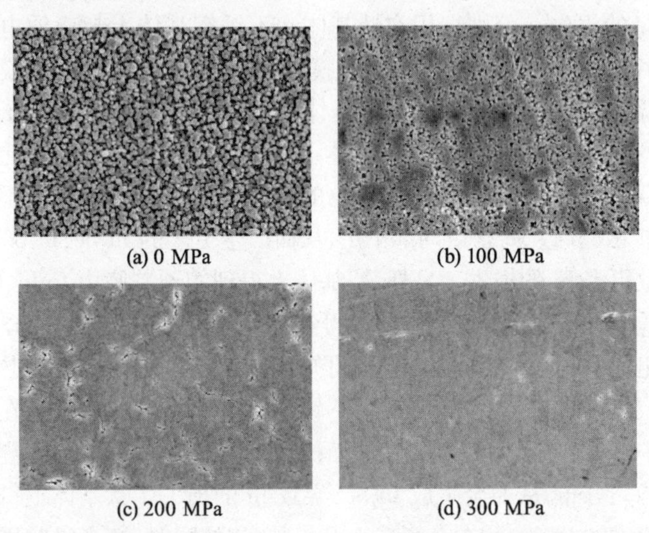

(a) 0 MPa　(b) 100 MPa

(c) 200 MPa　(d) 300 MPa

图 3.38　钛基体上的 $CuInSe_2$ 薄膜在不同压力下压制后的表面形貌

图 3.39 为 $CuInSe_2$ 薄膜在 300 MPa 的压力下压制后的侧面形貌,可以看到,薄膜厚度约为 2 μm,比较致密,符合太阳能电池用 $CuInSe_2$ 薄膜的要求。

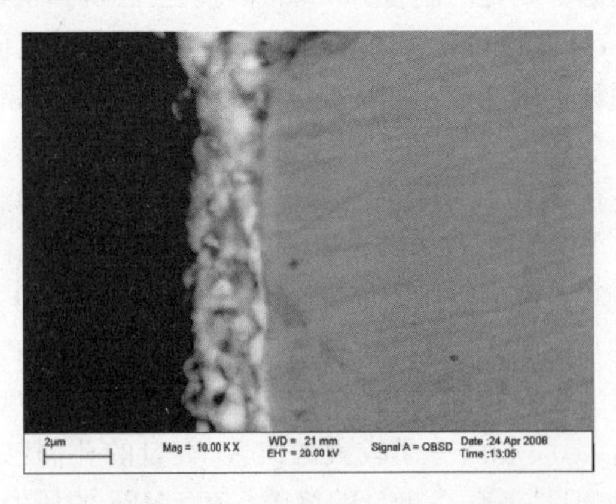

图 3.39　300 MPa 压力下压制的 $CuInSe_2$ 薄膜的侧面形貌

常温下压制的试样成品率很低,在 300 MPa 的压力下压制,很多试样表面的部分区域出现了脱落现象,这主要是因为试样受力不均匀,从而使局部压力集中。薄膜本身只有 2μm 左右,压制时如果要使试样受力均匀,就要求基体钛片和不锈钢片上下表面的平行度非常高,而基体难以达到这个要求。

为了解决薄膜脱落的问题,采用温压的方法对 $CuInSe_2$ 薄膜进行压制。由于奥氏体不锈钢塑性较好,属于一种柔性基体,更为方便实用,所以对以奥氏体不锈钢为基体的 $CuInSe_2$ 薄膜进行温压实验,研究温度和压力对薄膜的影响。

图 3.40 为最大压力与温度的关系。最大压力是指对试样施加的不会使 $CuInSe_2$ 薄膜脱落的最大压力。从图中可以看出,在室温 25 ℃时最大压力仅为 200 MPa,最大压力随着温度的升高而增大,压制温度为 60 ℃时,最大压力提高至 500 MPa,产生这种现象的原因是温度升高使奥氏体不锈钢的塑性增加。在压制过程中,压力是逐渐增大的,在压力较小时不锈钢就发生较大的塑性变形,使试样上、下两个表面相互平行,这样在压力增大时就不会发生局部压力集中现象。

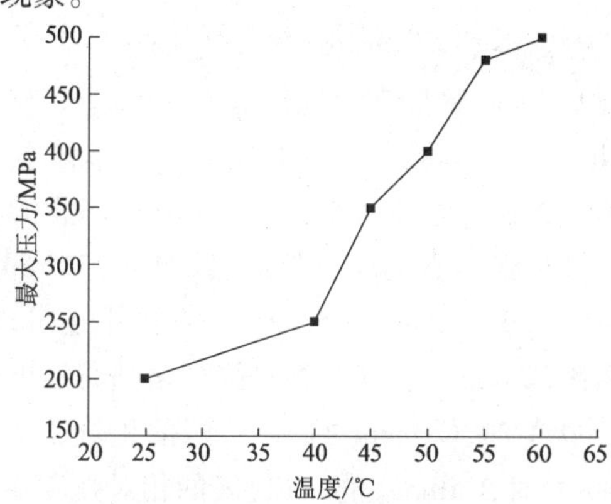

图 3.40　最大压力与温度的关系

图 3.41 为压制温度为 60 ℃时,不同压力压制后奥氏体不锈钢基体上 $CuInSe_2$ 薄膜的表面形貌。从图中可以看出,随压制压力的增大,薄膜逐渐致密、平整;压力为 150 MPa 时,薄膜表面存在许多

孔洞;压力为 300 MPa 时,孔洞基本消失,但是薄膜表面还很粗糙;压力升高到 500 MPa 时,得到了致密且表面非常平整的薄膜。利用温压的方法进行压制,不仅可以得到致密、表面光滑的薄膜,还能使成品率大大提高,90% 以上的试样都可压制成功。

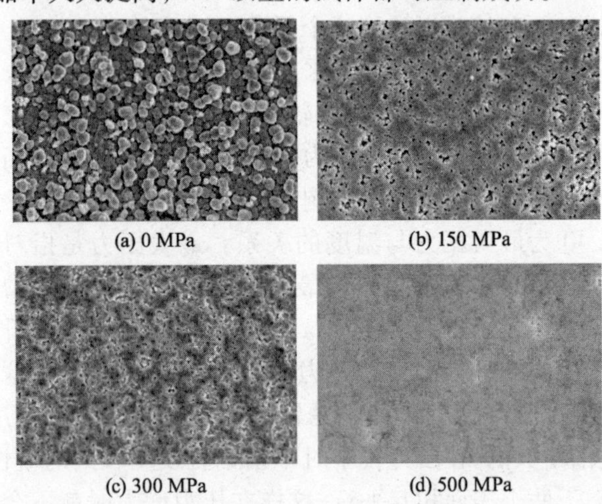

图 3.41　$CuInSe_2$ 薄膜在 60 ℃下不同压力压制后的表面形貌

3.4.4　退火温度对 $CuInSe_2$ 薄膜的影响

压制后的 $CuInSe_2$ 薄膜在氢气气氛中进行退火,研究不同的退火温度对 $CuInSe_2$ 薄膜的影响。图 3.42 为钛基体上的薄膜压制后,在不同的温度下热处理所得到的 $CuInSe_2$ 薄膜的 XRD 图谱。从图中可以明显看到 $CuInSe_2$ 的(112)、(204)、(312)的特征峰,对应的 2θ 角分别为 26.6°、44.2°、52.46°。从图中还可以看到,与金属钛的峰值相比,$CuInSe_2$ 各峰的相对强度是随着温度的升高而增强的。例如,300 ℃时,$CuInSe_2$ 的(112)峰的相对强度是小于钛的主峰的;而 500 ℃时,$CuInSe_2$ 的(112)峰的相对强度要比钛的主峰的强度大很多。因其他工艺参数都相同,所以薄膜厚度是相同的,这就说明退火后薄膜更为致密,而且致密化程度随退火温度的升高而增强;随温度的升高,$CuInSe_2$ 的次强峰(204)/(220)的半峰宽明显减小,这说明薄膜的晶化程度也随着退火温度的升高而增强。

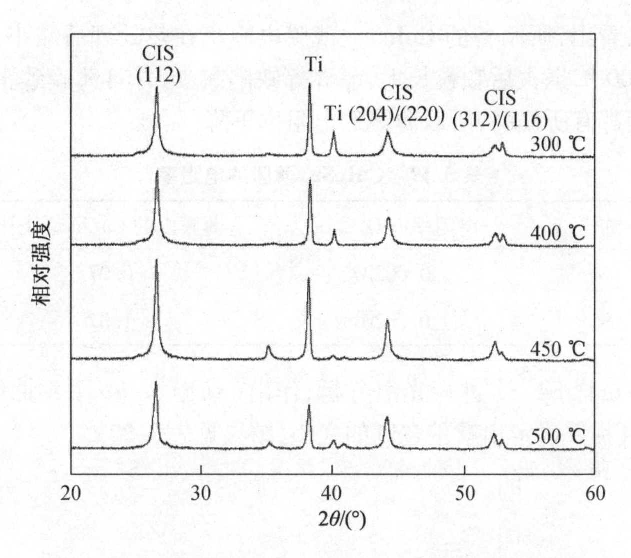

图 3.42　不同退火温度下 $CuInSe_2$ 薄膜的 XRD 图谱

为了测试 $CuInSe_2$ 薄膜的光电性能，采用表 3.10 中 Cu/In 原子比为 0.8 的预制膜的制备工艺在 ITO 玻璃上制备出 Cu－In 预制膜，经 300 ℃硒化处理 1 h 后得到 $CuInSe_2$ 薄膜（编号记为 S4）；试样 S4 再经 400 ℃退火后记为 S5，其表面形貌和侧面形貌见图 3.43。从图 3.43 中可以看到，在 ITO 玻璃上制备的 $CuInSe_2$ 薄膜经退火后很致密，厚度约为 2 μm，符合 $CuInSe_2$ 基薄膜太阳能电池的要求。

(a) $CuInSe_2$薄膜退火后的表面形貌

(b) $CuInSe_2$薄膜退火后的侧面形貌

图 3.43　ITO 玻璃上 $CuInSe_2$ 薄膜退火后的微观形貌

对试样 S4、S5 进行电学性能测试，结果见表 3.19。由表中结果可以看出,所制备的 $CuInSe_2$ 薄膜电阻率在热处理后减小,其原因是400 ℃退火后颗粒长大,晶界等缺陷减少,并且薄膜致密性和结晶度都有所提高,所以薄膜的电阻率下降。

表 3.19 $CuInSe_2$ 薄膜的电阻率

试样	电阻率/(Ω·cm)	薄膜内的 Cu/In 原子比
S4	0.00237	0.97
S5	0.00201	1.07

对试样 S4、S5 进行光谱分析,作出 $(\alpha h\nu)^2 - h\nu$ 关系曲线(见图 3.44),并确定出禁带宽度的大小,结果见表 3.20。

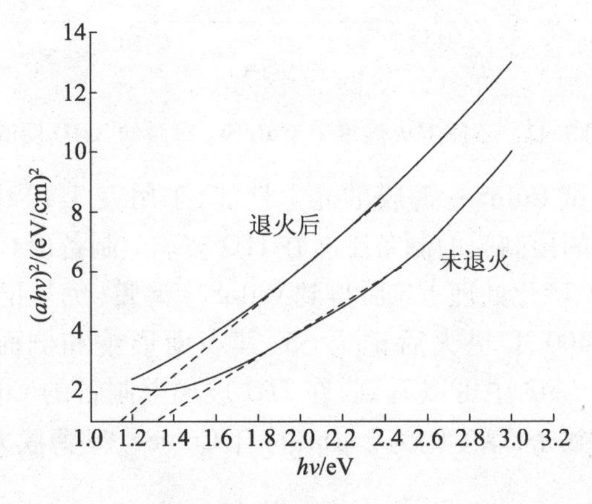

图 3.44 $CuInSe_2$ 薄膜的 $(\alpha h\nu)^2 - h\nu$ 曲线

表 3.20 $CuInSe_2$ 薄膜的光学性能

试样	E_g/eV	吸收系数/cm^{-1}	Cu/In	Se/(Cu+In)
S4	1.31	1.5×10^4	0.97	1.01
S5	1.14	0.9×10^5	1.07	0.99

400 ℃退火前,$CuInSe_2$ 薄膜的缺陷较多,影响晶体的能带结构,使吸收限向短波方向移动,所以试样 S4 的禁带宽度 E_g = 1.31 eV 比文献报道值(E_g = 1.01eV)要大。经 400 ℃退火后,$CuInSe_2$ 薄膜平

整致密，颗粒变大，成分更均匀，使得吸收限向长波方向移动，因此试样 S5 的禁带宽度降低为 $E_g = 1.14$ eV，接近文献报道值。

由以上几个方面的分析可知，硒化后得到的 $CuInSe_2$ 薄膜经过退火也会提高其致密度及晶化程度，退火也会改善 $CuInSe_2$ 薄膜的光电性能。

3.5　小　结

$CuInSe_2$ 薄膜的电沉积制备技术具有非真空、低成本、低温沉积和大面积成膜等优势。本章论述了 $CuInSe_2$ 薄膜的三种电沉积制备技术，分别为超声波电沉积 Cu/In 双层膜、恒电流共沉积 Cu－In 预制膜和超声波共沉积 Cu－In 预制膜，预制膜经过固态源硒化反应形成 $CuInSe_2$ 薄膜。分析了各种电沉积控制因素（包括电解液配方：主盐浓度、络合剂、添加剂；工艺条件：pH 值、电流密度、超声波功率）对预制膜化学成分、表面形貌、相结构的影响规律。采用固态源硒化法对预制膜进行硒化处理，对硒化反应进行热力学分析，对 Cu－In 预制膜在硒化过程中的 In 损失进行定量分析，并讨论了采用单向压制的方法对硒化后的薄膜进行压制来改善薄膜的致密度及表面平滑性。

超声波电沉积的方法制备了 Cu、In 双层膜。采用不同的超声电沉积工艺参数可以调节合金膜的 Cu/In 原子比，电流密度在10～50 mA/cm^2 范围内变化时，Cu 和 In 的沉积质量随电流密度呈线性增加。利用超声波电沉积可以得到颗粒细小、均匀致密的 Cu 层和 In 层。硒化过程中的双阶段保温工艺保证了 $CuInSe_2$ 薄膜的化学计量比，超声波电沉积得到的双层膜为 CuIn 相和 Cu 或 In 的单质相，经过热处理后转变为 $Cu_{11}In_9$ 相和 Cu 或 In 的单质相。

恒电流共沉积制备了 Cu－In 合金预制膜，随后在硒蒸气中进行硒化处理，得到了符合化学计量比的 $CuInSe_2$ 薄膜。以 $CuCl_2$ 和 $InCl_3$ 作主盐（浓度比为 1∶2.5），柠檬酸（与 $CuCl_2$ 的浓度比为 40∶1～60∶1）为主络合剂、三乙醇胺（0.5 mol/L）为辅助络合剂，在

2 ~4 mA/cm^2 的范围内用恒电流法可制备出符合化学计量比的 Cu - In 预制膜。柠檬酸对铜离子有较强的络合效果,可以使铜的平衡电极电位明显负移,与铟的平衡电极电位相等或相近,从而保证铜铟共沉积的实现。三乙醇胺是一种具有表面活性的络合剂,虽然其络合能力较弱,但可以明显改善 Cu - In 预制膜的均匀性和表面质量。电沉积得到的预制膜一般是由热力学不稳定相组成的混相结构。选择恰当的主盐浓度和柠檬酸浓度,可以得到具有 CuIn + Cu_2In + In 三相结构的 Cu - In 预制膜。以 $CuSO_4$ 和 $In_2(SO_4)_3$ 为主盐(浓度比为1:1.8),柠檬酸(与 $CuSO_4$ 的浓度比为40:1)为络合剂,超声波功率为50 W,在15 ~30 mA/cm^2 电流密度范围内,可以制备均匀、颗粒细小的合金预制膜,随电流密度的增大,颗粒更加细小,并且可以利用电流密度控制预制膜中的 Cu/In 原子比。预制膜富铟时,主要的相为 CuIn,还有少量的 In 相;Cu/In 原子比为1时,预制膜的相组成为 CuIn、$Cu_{11}In_9$ 和 In;Cu/In 原子比为1.41时,预制膜主要为 CuIn 相和 $Cu_{11}In_9$ 相。预制膜经过300 ℃硒化处理可得到符合化学计量比的 $CuInSe_2$ 薄膜。$CuInSe_2$ 薄膜的成分影响其表面形貌和相组成,随着薄膜中 Cu 含量的增加,结晶性变好。富铜薄膜中除了 $CuInSe_2$ 以外,还有 CuSe 相,而且随铜含量的增加,CuSe 的含量也增加。

通过热力学计算可知,硒化温度在250 ~300 ℃范围内,硒化过程的各种反应均可以进行,$CuInSe_2$ 相可以在此温度下形成。硒化过程中的 In 损失是由于 In_2Se 的挥发,In 损失量与 Cu - In 预制膜中的 In 含量、致密度和相组成有关;Cu - In 预制膜中的 In 含量较高时,其硒化过程中的 In 损失也较多;Cu - In 预制膜较为致密时,In 损失较多;具有 CuIn、Cu_2In 和单质 In 相的 Cu - In 预制膜,硒化过程中 In 损失较少。在60 ℃、500 MPa 压制时,可以得到致密、表面光滑的 $CuInSe_2$ 薄膜,使成品率大大提高。硒化得到的 $CuInSe_2$ 薄膜经过退火可提高其致密度及晶化程度,且致密度及晶化程度都随退火温度的升高而提高,退火会显著改善 $CuInSe_2$ 薄膜的光电性能。

第 4 章　$CuInS_2$ 薄膜的涂覆法制备技术

适合作为太阳能电池光吸收层的半导体材料主要有单晶硅、多晶硅、非晶硅，二元化合物 CdS、CdTe、GaAs、InP，三元化合物 $CuInS_2$、$CuInSe_2$，四元化合物 $Cu(In,Ga)Se_2$ 等。其中 $CuInS_2$ 属于直接带隙半导体，具有很高的吸收效果（吸收系数达 10^{-5} cm^{-1}），1 ~ 2 μm 厚的 $CuInS_2$ 材料就可充分吸收入射光的可利用部分，是性能比较优良的太阳光吸收材料。$CuInS_2$ 材料的禁带宽度为 1.50 eV，接近太阳能电池材料所需的最佳禁带宽度值，且对温度的变化不敏感，$CuInS_2$ 薄膜已经成为一种十分有前途的光伏器件吸收材料。由于 $CuInSe_2$ 薄膜材料中含有 Se 元素，相应的硒化物具有毒性，利用 S 元素代替 Se，无毒且廉价的 $CuInS_2$ 薄膜材料就是因此发展起来的。目前的主要问题是如何促进 $CuInS_2$ 太阳能电池产业化进程，并在此基础上提高电池的光电转化效率和降低电池的生产成本。

制备 $CuInS_2$ 薄膜的要求包括：薄膜结构致密均匀，物相纯净单一；提高原材料的利用率，节约原材料的成本，减少废料；不使用 H_2S 等有毒物质，避免造成环境污染和影响操作人员的健康；舍弃或减少价格高昂的真空设备，采用连续技术，使工艺有可以工业化生产的前景。

涂覆法制备 $CuInS_2$ 薄膜是一种非真空、低成本的制备技术，这种技术主要包括初始粉体的制备、前驱体料浆的制备、前驱体膜涂覆和高温退火四步。根据成膜物料的不同，选择不同的成膜工艺，主要有丝网印刷（screen printing）、刮刀涂覆（doctor-blade coating）和涂层（curtain coating）等。涂覆技术容易控制材料、活性剂的用量，易于控制膜的厚度和均匀性，而且可以充分利用材料，堆积密度高，提高贵重金属 In 的利用率，大大降低 $CuInS_2$ 薄膜电池的成本。

本章主要讨论涂覆法制备 $CuInS_2$ 薄膜的技术路线，并对 $CuInS_2$ 薄膜的成分、微观结构、相组成、光学性质等进行分析。利用中频感应炉熔炼出富 In 的 Cu－In 合金，使用快速冷却的方式将 Cu－In 合金甩成脆性合金薄带，制备涂覆技术所需的原材料。通过球磨制备 $CuInS_2$ 前驱体料浆，为了使薄膜的最终厚度接近 2 μm，制备的料浆中颗粒的粒度中值应不大于 1 μm；粒度小，原料颗粒混合更均匀，有利于薄膜的反应烧结。讨论反应烧结 $CuInS_2$ 薄膜的热力学过程，设计烧结制度，使反应充分进行且不产生杂相，最后讨论使薄膜致密化的压制工艺。

4.1　涂覆法制备 $CuInS_2$ 薄膜的技术方案

4.1.1　制备 $CuInS_2$ 薄膜的工艺流程

$CuInS_2$ 薄膜的涂覆制备工艺主要分为四步：(1) 制备 Cu－In 合金；(2) 研磨 Cu－In 合金和 S 粉(或 CuS 和 In_2S_3 粉)制备前驱体料浆；(3) 利用刮刀涂覆法将前驱体料浆涂覆在基体上，形成前驱体层；(4) 在 N_2 气氛中高温热处理前驱体层，形成 $CuInS_2$ 薄膜。总体的工艺流程如图 4.1 所示。

由于 Cu 和 In 都是较软的金属，很难通过直接研磨的方法使其粒度减小，因而将 Cu 和 In 熔炼成脆性的合金以便于研磨。熔炼制备合金在中频感应炉中进行。

将按照配比混合均匀的 Cu－In 合金颗粒和 S 粉(或 CuS 和 In_2S_3 粉)放入玛瑙罐中，加入无水乙醇后用行星式球磨机研磨制备 $CuInS_2$ 前驱体料浆，研磨介质是玛瑙球。

将厚度为 1 mm 的玻璃片分别用去离子水、丙酮、无水乙醇、去离子水超声清洗，烘干后备用。将 $CuInS_2$ 前驱体料浆用刮刀涂覆法涂覆在玻璃基体上，空气气氛中 40 ℃烘干后形成 $CuInS_2$ 前驱体薄膜。

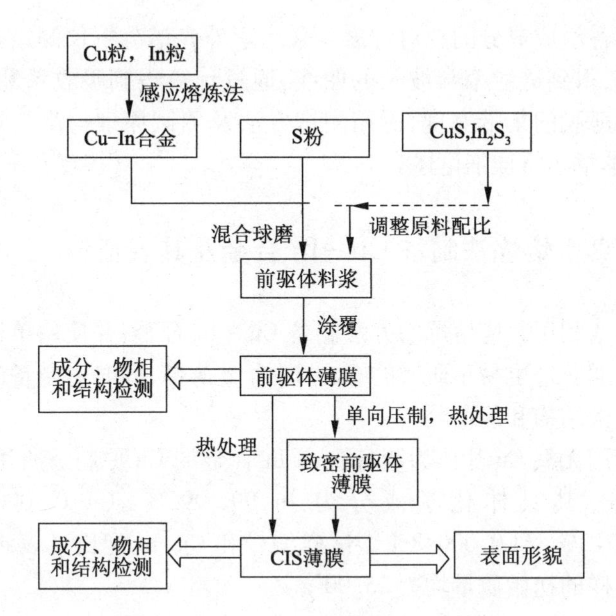

图4.1　制备 $CuInS_2$ 薄膜的工艺流程

干燥后的 $CuInS_2$ 前驱体薄膜的微观结构是原料颗粒松散地堆积在玻璃基体上，形成一个疏松的前驱体层，经热处理后也很难形成结构致密的薄膜。因而在热处理前对前驱体薄膜施加一定的压力，使原料颗粒紧密堆积在一起，一方面可使原料内部颗粒间的接触以及原料颗粒与玻璃基体之间的接触更加充分，有利于热处理时薄膜的反应烧结；另一方面可使前驱体薄膜表面更加平整、光滑，提高薄膜的质量。对前驱体薄膜进行热处理是制备 $CuInS_2$ 薄膜最重要、最关键的一步，合理的升温和保温措施才能保障制备出物相单一、结构致密、成分合适的理想吸收层。

4.1.2　薄膜的分析测试方法

采用激光粒度分析法分析球磨后得到的前驱体料浆的粉末粒度分布，利用 X 射线衍射(XRD)分析薄膜的相结构，采用扫描电子显微镜(SEM)分析薄膜的成膜质量、表面形貌、断面等薄膜显微组织和结构，采用能谱分析(EDS)测定薄膜的元素组成、元素分布和均匀性，结合电镜形貌较准确地判定相关微区结构的成分，通过计算获得各组成成分的相对含量。采用紫外光谱分析仪测定薄膜的透射率，得到透射率与波长的曲线，通过计算得到吸收系数，进而计算出薄膜的禁带宽度，所用测试方法及测试原理与第 2 章基本相同，本章不再详细论述。

4.2 真空熔炼法制备 Cu－In 合金及其表征

本章利用感应熔炼的方法制备 Cu－In 合金，并使用单辊甩带方法以期获得更易于研磨的 Cu－In 合金薄带，同时对制备的合金进行显微结构和能谱分析。

选用无氧 Cu 片作为制备 Cu－In 合金的 Cu 原料。所用 In 为分析纯，其具体化学成分为 In 99.995%，Cu 0.00046%，Fe 0.0012%，Al 0.00048%。试样编号和 Cu、In 配比见表 4.1，每一个试样的初始质量均为 25.00 g。

表 4.1　试样编号和化学组成

试样	质量/g		Cu/In 原子比
	Cu	In	
1	7.90	17.10	0.83
2	8.94	16.06	1.00
3	10.01	14.99	1.20

原料分别被封入真空石英管后，放入中频感应炉中熔炼合金。在感应炉中熔融 3～5 min 后关闭感应炉电源，自然冷却。试样冷却后从真空管中取出，称其质量。然后将试样从中部切开取样，磨平抛光，用 XRD 分析样品的相组成，用扫描电镜观测合金的显微结构，并用能谱仪对其组成相的元素成分进行能谱分析。将感应熔炼后的 Cu－In 合金试样放入底部有一小孔的石英管内，再次在中频感应炉中熔化后，熔液借助惰性气体的压力，直接从小孔中冲射到高速旋转的铜辊轮表面，以获得更加便于研磨的 Cu－In 合金薄带。

在熔炼过程中，当试样熔化后有许多微小的气泡从合金溢出，并附着在与合金熔液接触的石英管内壁。试样冷却后打开真空管，表面布满半球形小坑。合金表面呈现区域性的反光性质不同，可能是由结晶取向不同造成的。试样熔炼前后的质量变化极小，说明熔炼后的合金损失很少。In 的熔点仅有 156.61 ℃，但沸点高达 2000 ℃，所以在 Cu – In 合金的熔炼过程中 In 几乎没有挥发。

图 4.2 是 Cu – In 合金和 In、Cu 的 XRD 分析结果。从图 4.2a 可以看出，不同试样的相组成是相似的，主要物相是 $Cu_{11}In_9$。对照图 4.2b，可以看出合金试样的 XRD 图谱中还有 In 的微弱衍射峰，说明合金中还有少量的单质 In 存在；但是单质 Cu 的衍射峰完全消失，说明合金中的 Cu 应该都发生化学反应形成了二元合金化合物。三种 Cu – In 合金均具有 $Cu_{11}In_9$ 和 In 混合相结构。

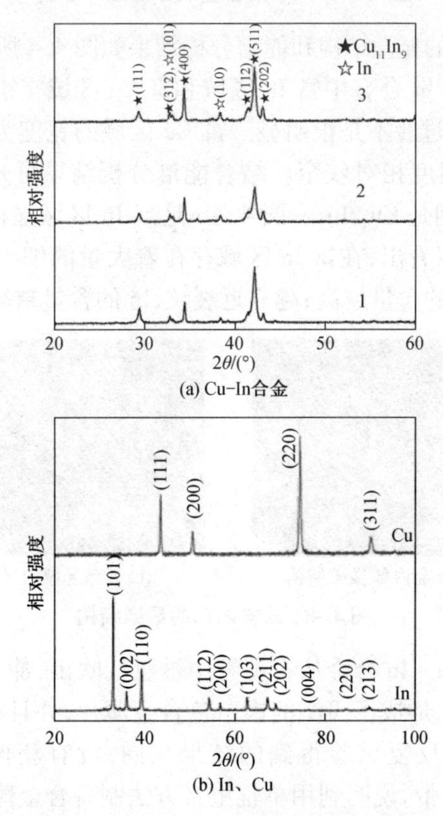

图 4.2　Cu – In 合金和 In、Cu 的 XRD 图谱

图 4.3 是 Cu – In 合金试样表面的显微形貌,结合能谱分析结果可知,合金表面的物相是富 Cu 的 $Cu_{11}In_9$,没有其他物相。

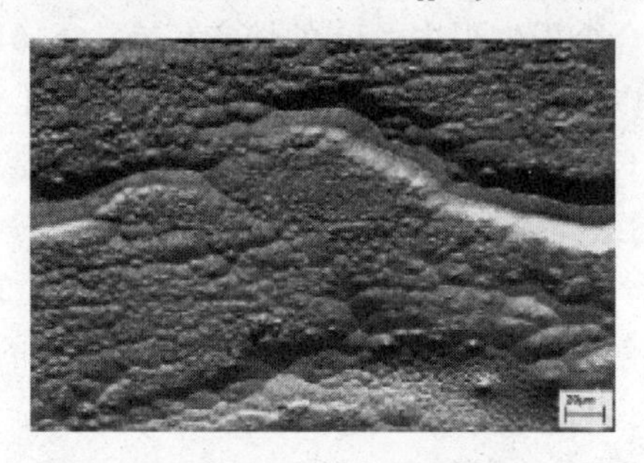

图 4.3　Cu – In 合金表面的显微形貌

试样内部的显微结构和能谱分析结果如图 4.4 所示,从图 4.4a 可以看出 Cu – In 合金中富 In 区域和富 Cu 区域交错均匀分布,并且相互之间的过渡不是很明显。富 Cu 区域的宽度为 20 ~ 30 μm,富 In 区域的宽度相对较窄。结合能谱分析结果可知,在富 Cu 区域,主要的物相是 $Cu_{11}In_9$。图 4.4b 是富 In 区域显微结构的局部放大图片,可以看出,在富 In 区域存在着大量的细小裂纹,并且越远离裂纹,Cu 的含量越高;越靠近裂纹,In 的含量越高。

(a) Cu-In合金内部显微结构

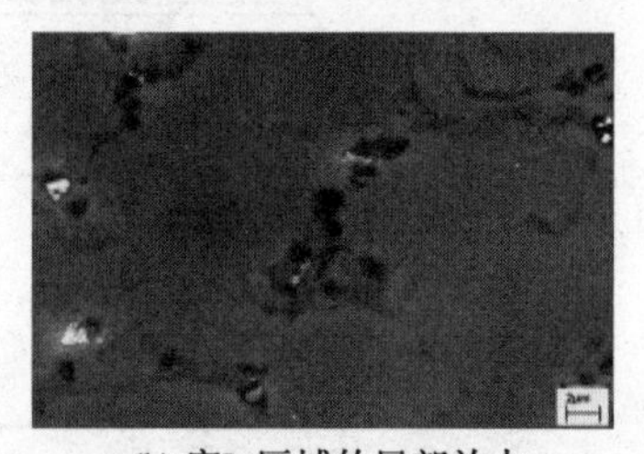

(b) 富In区域的局部放大

图 4.4　试样内部的显微结构

当熔融 Cu – In 合金从石英管中被氩气吹出,冲射到高速旋转的铜辊轮表面,形成了飞溅的银白色合金薄片,并且有棕黄色的渣状物质溅落。反复试验得到的结果相同,没有获得期望的连续 Cu – In 合金薄带,说明利用单辊甩带方法制备合金薄带时,Cu – In 熔液虽然经过快速冷却,但还是无法获得物相、成分单一均匀的试样，Cu-In熔液从石英管中喷出冷却的过程中发生了物相分离，形成了两种形态和颜色均不相同的合金试样。

对单辊甩带方法制备的合金试样进行显微形貌和能谱分析。图4.5是合金表面形貌和能谱分析，合金表面呈现鱼鳞状的凸起，能谱分析表明其表面组分接近金属化合物$Cu_{11}In_9$，这可能是其脆性较大的原因。合金表面有许多细小的金属颗粒，能谱分析表明这些颗粒为析出的In单质。

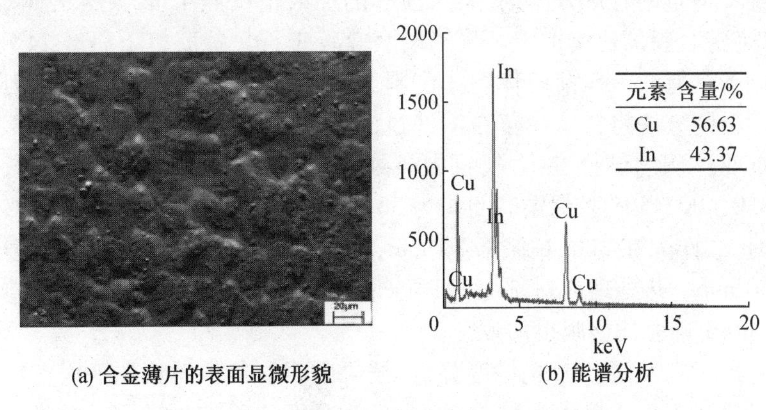

(a) 合金薄片的表面显微形貌　　(b) 能谱分析

图4.5　合金薄片表面的显微形貌及能谱分析

以上对Cu-In合金的分析表明，感应熔炼的Cu-In合金表面是$Cu_{11}In_9$物相结构，内部是$Cu_{11}In_9$和In混合物相结构。Cu-In合金凝固过程不是平衡进行的，晶体中的扩散来不及进行，使凝固后的成分不均匀，出现偏析现象，导致合金内部存在富Cu区域和富In区域。

4.3　$CuInS_2$薄膜的制备及表征

以感应熔炼制备的Cu-In合金薄片、单质S粉（或CuS和In_2S_3粉）为原料制备前驱体料浆。试样编号和设计配比见表4.2，其中试样A的初始原料为Cu-In合金和S粉，试样B、C的初始原料为CuS和In_2S_3。

表 4.2　试样编号和设计配比

试样	设计元素含量/at. %			Cu/In 原子比
	Cu	In	S	
A	19.23	23.08	57.69	0.83
B	21.12	21.12	57.76	1.00
C	23.50	19.58	56.92	1.20

按照设计配比称取原料,混合后放入玛瑙磨筒中,加入无水乙醇和适量的有机分散剂,无水乙醇的加入量按照 4 mL 无水乙醇/1 g 混合料的比例加入。将玛瑙磨筒置于行星球磨机上研磨 24 h 制备含有 $CuInS_2$ 前驱体粉末的料浆,研磨介质是玛瑙球。用刮刀涂覆的方法将料浆涂覆在清洗过的玻璃衬底上,烘干制备 $CuInS_2$ 前驱体膜。试样在 N_2 气氛中热处理,温度分别为 200、250、300、350、400、450 ℃,保温时间均为 30 min;当热处理温度高于 300 ℃时,试样先在 300 ℃保温 30 min,后升温到最终热处理温度保温 30 min。热处理前对部分试样施加一定的单向压力进行压制,使 $CuInS_2$ 前驱体薄膜更加致密。

对料浆进行激光粒度分析,结果表明料浆中的颗粒平均直径是 0.953 μm,最大颗粒是 2.55 μm(见图 4.6)。实际上,料浆中 Cu - In 合金粒子的真实粒度要远小于这个测量值。研磨后的料浆紧密团聚在一起,这种情况直接影响激光粒度仪的测试结果。

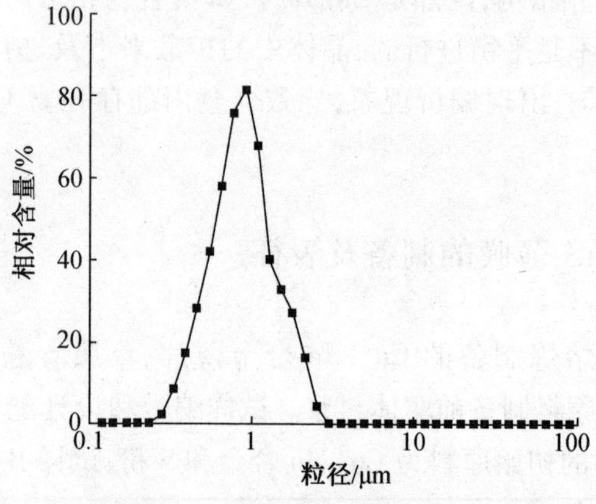

图 4.6　料浆的粉末粒度分析

4.3.1 热处理温度对薄膜的物相组成和化学成分的影响

图4.7显示的是前驱体薄膜A和B分别在200、250、300、350、400、450 ℃热处理30 min后薄膜的XRD图谱。

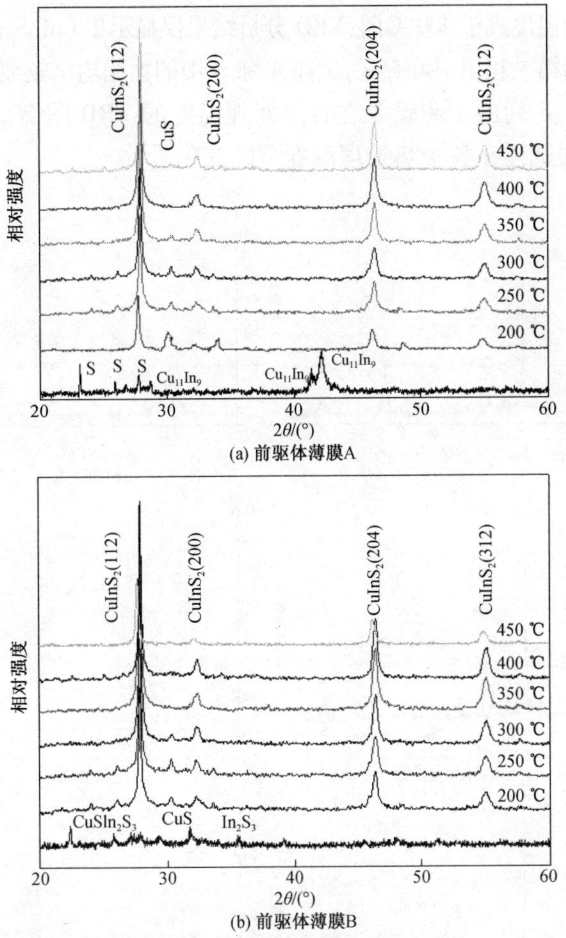

(a) 前驱体薄膜A

(b) 前驱体薄膜B

图4.7 前驱体薄膜A和薄膜B在不同热处理温度保温30 min后的XRD图谱

从图4.7可以看出,$CuInS_2$相在200 ℃时就已经产生,且随着热处理温度的升高,$CuInS_2$薄膜的结晶程度逐渐增强。在热处理后的所有薄膜中,$CuInS_2$均是以(112)晶面择优取向,而且随着温度升高有增强的趋势。特别是当温度高于400 ℃时,薄膜中仅存在单一的

$CuInS_2$物相,物相类型没有任何变化,没有检测到有新的衍射峰出现。图4.7显示,随着温度的升高,CuS的衍射峰逐渐减弱,当温度高于400 ℃时,CuS的衍射峰在XRD图谱上完全消失。综合可以看出,在热处理温度高于400 ℃时,XRD分析结果仅显示出$CuInS_2$衍射峰,没有明显的第二相衍射峰存在,试样A和B中的物相均比较纯净。

图4.8列出了薄膜B在各热处理温度的XRD图谱,从图谱中可以看到试样在各个热处理温度下的变化。

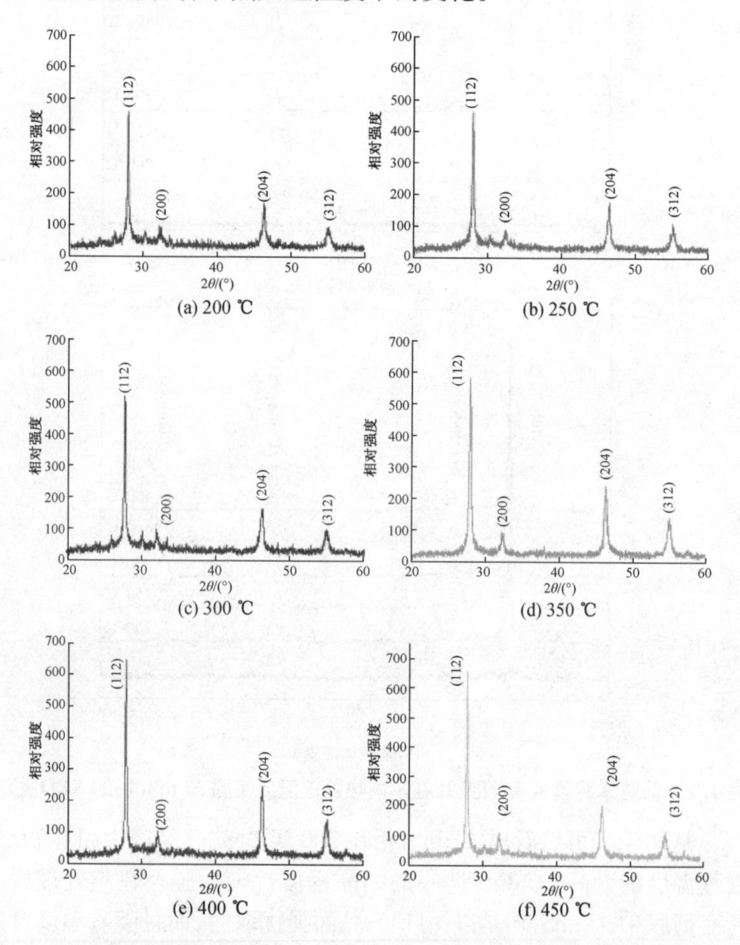

图4.8 薄膜B在不同热处理温度下保温30 min后的XRD图谱

图4.9为薄膜B的$I(112)/I(204)$及半峰宽与热处理温度的关系。图中$I(112)/I(204)$代表(112)晶面取向程度，半峰宽代表$CuInS_2$薄膜的晶化程度。可以看出随着热处理温度的升高，$I(112)/I(204)$逐渐增大，说明沿(112)晶面择优生长；而半峰宽逐渐减小，说明晶化程度越来越好，200 ℃到250 ℃之间变化最大，说明这个阶段$CuInS_2$晶粒的晶化程度提高得最快。

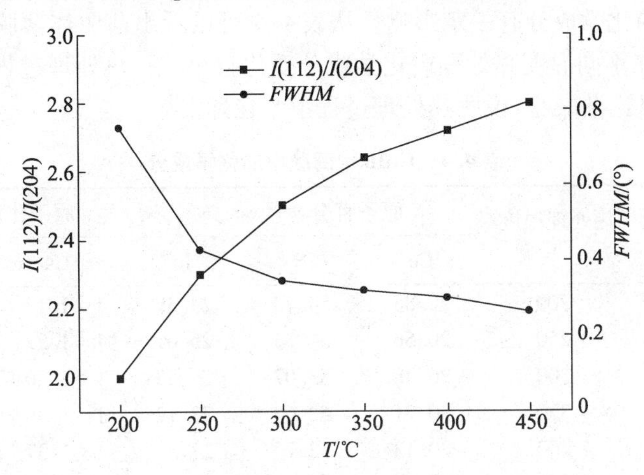

图4.9　薄膜B的$I(112)/I(204)$及半峰宽与热处理温度的关系

薄膜的晶粒尺寸可用X射线衍射宽法（Scherrer谢乐公式）来计算，当晶粒度较小时，晶粒的细小会引起衍射线的宽化，衍射线半高强度处的线宽B与晶粒尺寸d的关系为

$$d^{hkl}=\frac{k\lambda}{B\cos\theta} \tag{4.1}$$

式中：d^{hkl}为晶粒在垂直(hkl)面方向的晶面间距；k为与晶体形状有关的常数，一般取0.89；λ为X射线波长；θ为衍射角。由谢乐公式计算出薄膜B的平均晶粒尺寸（见表4.3）。

表4.3　$CuInS_2$薄膜的平均晶粒尺寸

热处理温度/℃	200	250	300	350	400	450
平均晶粒尺寸/nm	30.6	33.5	35.6	37.2	39.4	41.8

由表4.3可见，$CuInS_2$薄膜的平均晶粒尺寸随热处理温度的升高逐渐增大。当热处理温度为200 ℃时，平均晶粒尺寸为30.6 nm；当热处理温度为450 ℃时，平均晶粒尺寸为41.8 nm。在200～250 ℃时，晶粒生长得最快。

表4.4中列出了薄膜的EDS分析结果，给出了$CuInS_2$薄膜中的化学成分和Cu/In/S原子比例，说明了热处理工艺对$CuInS_2$薄膜中的化学成分有一定影响。从表4.4可以看出前驱体薄膜A、B和C在不同温度热处理后化学成分变化较小。在热处理过程中，S的含量逐渐减小，说明热处理过程中S在挥发。

表4.4　$CuInS_2$薄膜中的化学成分

试样	热处理温度/℃	原子百分含量/at.%			原子比例
		Cu	S	In	Cu/In/S
A	200	20.88	54.73	24.39	1∶1.17∶2.62
	250	20.56	54.33	25.01	1∶1.22∶2.64
	300	20.38	53.07	26.55	1∶1.30∶2.60
	350	20.21	52.60	27.19	1∶1.35∶2.60
	400	20.13	52.29	27.58	1∶1.37∶2.60
	450	20.31	51.98	27.71	1∶1.36∶2.56
B	200	19.72	60.39	19.89	1∶1.01∶3.06
	250	21.51	57.26	21.25	1∶0.99∶2.66
	300	21.06	57.73	21.21	1∶1.01∶2.74
	350	21.55	57.20	21.25	1∶0.99∶2.65
	400	21.56	56.83	21.61	1∶1.00∶2.64
	450	20.89	56.79	22.32	1∶1.07∶2.72
C	200	19.93	61.46	18.61	1∶0.93∶3.08
	250	21.37	59.10	19.53	1∶0.91∶2.77
	300	21.45	57.60	20.95	1∶0.98∶2.69
	350	22.59	57.32	20.09	1∶0.89∶2.54
	400	22.54	57.01	20.35	1∶0.90∶2.53
	450	21.30	56.18	22.52	1∶1.06∶2.64

4.3.2　热处理温度和压制工艺对 $CuInS_2$ 薄膜表面形貌的影响

图 4.10 是未经压制的 $CuInS_2$ 薄膜 B 经不同温度热处理后的表面形貌。从图中可以看出，薄膜表面存在许多孔隙，这是由于 S 的沸点低，随着热处理温度升高，薄膜中 S 元素挥发，使薄膜致密度降低，从而形成孔隙。当热处理温度为 450 ℃时，孔隙相对较少，这是由于随着热处理温度升高，薄膜晶粒不断生长，使薄膜内部结合强度提高。

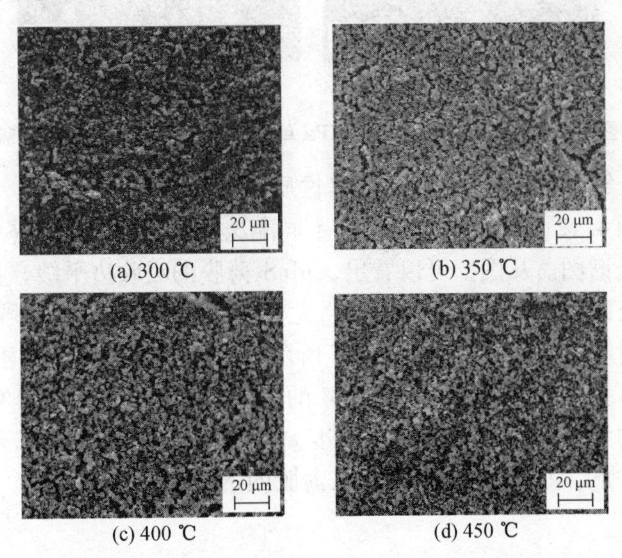

(a) 300 ℃　(b) 350 ℃　(c) 400 ℃　(d) 450 ℃

图 4.10　未经压制的 $CuInS_2$ 薄膜 B 经不同温度热处理后的表面形貌

在热处理之前对前驱体薄膜施加一定的压力进行压制处理，本书以试样 B 为例，研究压制工艺对 $CuInS_2$ 薄膜致密化的作用和影响，基体是玻璃衬底。图 4.11 显示的是试样 B 没有经过压制的前驱体薄膜和经过 50 MPa 单向压力压制后的薄膜的表面形貌。从图中可以看出，未经压制时，前驱体中的粉体颗粒松散地堆积在玻璃衬底上，粉体颗粒之间有很多空隙，前驱体层非常不致密。前驱体薄膜经过 50 MPa 的压力进行单向压制后，致密情况得到大幅度改善。可以看出，粉末颗粒很紧密地结合在一起，看不出单个粉末颗粒的形貌，也基本看不到有较大的空隙存在，前驱体表面比较平整。通过单向压力使前驱体薄膜中的细小空隙完全消失是比较困难的,因为继续增大压力玻璃衬底将破裂。

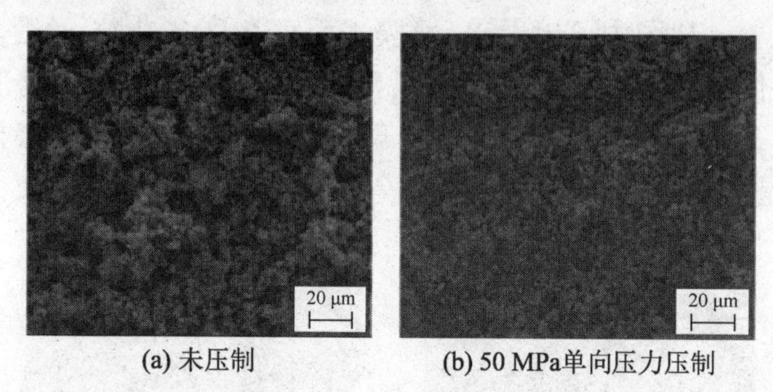

(a) 未压制 (b) 50 MPa单向压力压制

图 4.11 未经压制和经 50 MPa 单向压力压制的薄膜表面形貌

4.3.3 $CuInS_2$薄膜的光学性质

图4.12 为400 ℃热处理后不同配比 $CuInS_2$薄膜的紫外 - 可见透射光谱图。从图上可以看出,$CuInS_2$薄膜的吸收边平缓。在可见光波长区域,薄膜的透射率很低,尤其在接近 300 nm 的区域,光线的透射率几乎为零。如图 4.12 所示,在可见光波长区域内,富 In 薄膜 A 透射率约为 10% ,薄膜 B 的透射率约为 20% ,薄膜 C 的透射率约为 25% 。三种薄膜的厚度差别很小,说明在 400 ℃热处理的条件下,随着 Cu 含量的增加,薄膜的透射率呈增长趋势。

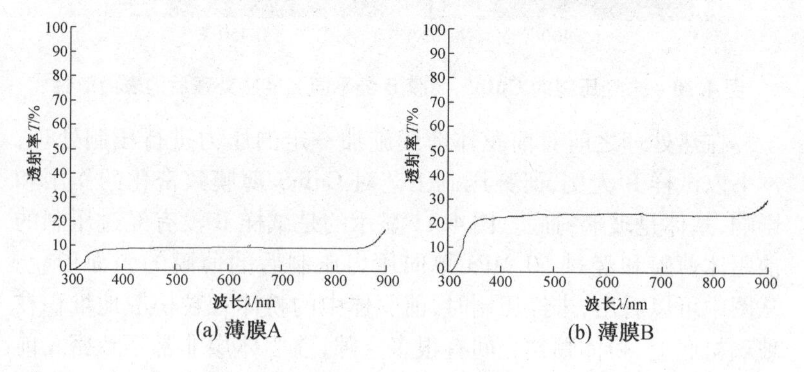

(a) 薄膜A (b) 薄膜B

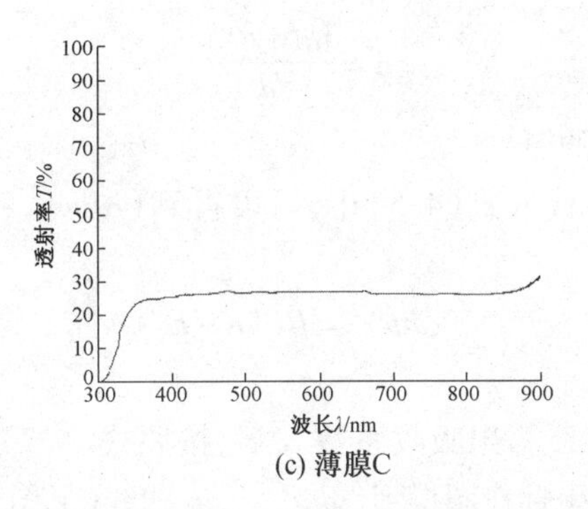

(c) 薄膜C

图4.12 400 ℃热处理后 $CuInS_2$ 薄膜的紫外－可见透射光谱图

得出透射率与光波长的曲线后，可以进一步计算材料的吸收系数 α（单位为 cm^{-1}，后同）。薄膜的吸收系数 α 的计算方法很多，可以用式(4.2)进行计算：

$$\alpha = A\frac{(h\nu - E_g)\dfrac{m}{2}}{h\nu} \tag{4.2}$$

式中：A 为薄膜的吸光度，是与材料电子－空穴迁移率有关的常数；h 是 Planck 常数，6.626176×10^{-34} J·s；ν 为入射光频率，Hz；E_g 为薄膜的禁带宽度，eV；对于直接带隙半导体，$m = 1$（间接带隙半导体 $m = 4$）。A 的表达式如下：

$$A = -\lg T \tag{4.3}$$

式中：T 为薄膜的截止波长处的透射率，%。

式(4.2)中：

$$h\nu = hc/\lambda \tag{4.4}$$

式中：c 是光速，3×10^8 m/s；λ 是入射光波长，nm。

薄膜的吸收系数 α 也可以用式(4.5)计算得到，与式(4.2)不同的是其常数项：

$$\alpha = \frac{k(h\nu - E_g)^{\frac{1}{2}}}{h\nu} \tag{4.5}$$

式中：k 是 Boltzmann 常数，1.3806×10^{-23} J/K。

试验中，吸收系数 α 与薄膜的透射率 T 有如下关系：

$$\alpha = \frac{\ln(1/T)}{d} \tag{4.6}$$

式中:d 为薄膜的厚度。

将式(4.6)代入式(4.5)中,可以得到$(\alpha h\nu)^2 - h\nu$ 的关系,如式(4.7)所示:

$$(\alpha h\nu)^2 = B(h\nu - E_g) \tag{4.7}$$

式中:B 为常数。

由式(4.6)计算出吸收系数 α 后,按照式(4.7),以 $h\nu$ 为横坐标、$(\alpha h\nu)^2$为纵坐标作图得到$(\alpha h\nu)^2 - h\nu$ 曲线(见图4.13)。通过作$(\alpha h\nu)^2 - h\nu$ 曲线拐点处的切线与坐标轴横轴相交,可得到制备的薄膜的禁带宽度在1.5 eV至1.75 eV之间。$CuInS_2$的理论禁带宽度为1.5 eV,与理论值相比较,本试验的测试值偏大,造成这种误差的原因主要是制备的薄膜不够致密,存在大量的孔隙,这些缺陷对光线在薄膜中的透射率产生影响,进而影响了 $CuInS_2$薄膜禁带宽度的测试值。

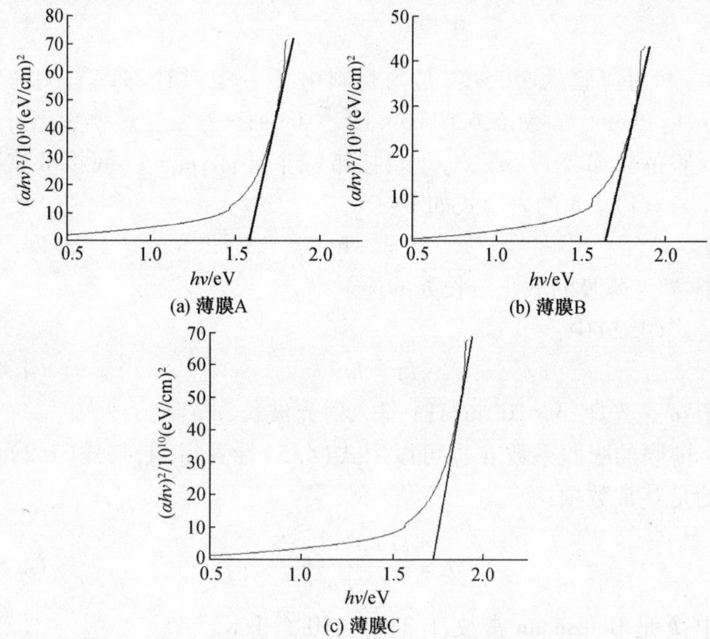

图4.13　400 ℃退火后的 $CuInS_2$ 薄膜的$(\alpha h\nu)^2 - h\nu$ 曲线

4.4 小　结

本章论述了 $CuInS_2$ 薄膜的涂覆法制备技术,先以感应熔炼制备的 Cu－In 合金、单质 S 粉(或 CuS、In_2S_3)为原料研磨制备 $CuInS_2$ 前驱体料浆,然后将料浆涂覆在玻璃衬底上形成前驱体薄膜,再将前驱体薄膜在 N_2 气氛中进行 400 ℃以上热处理,制备物相纯净的 $CuInS_2$ 薄膜。

感应熔炼的 Cu－In 合金表面是 $Cu_{11}In_9$ 物相结构,内部是 $Cu_{11}In_9$ 和 In 混合物相结构。合金内部不连续的富 Cu 区域和连续的富 In 区域交错分布,并且在富 In 区域中心部位存在许多细小的裂纹,单质 In 仅存在于裂纹周围。

在 $CuInS_2$ 薄膜的反应烧结过程中,200 ℃时开始出现 $CuInS_2$ 相,在 400～450 ℃时,CuS 相消失,得到单一的 $CuInS_2$ 相。前驱体薄膜进行单向压制可以明显改善前驱体薄膜及硫化后 $CuInS_2$ 薄膜的致密度和结合强度,对于以玻璃作衬底的前驱体薄膜,合适的压力是 50 MPa。光学分析表明 $CuInS_2$ 薄膜禁带宽度范围为 1.5～1.7 eV,适合作为太阳能电池吸收层。

第5章　磁控溅射－固态源硫化法制备 $CuInS_2$ 薄膜

$CuInS_2$是一种直接带隙半导体材料，禁带宽度约为1.50 eV，接近太阳能电池的最佳禁带宽度1.45 eV。其吸收系数高达$10^5 cm^{-1}$，有研究表明，只需1 μm厚的$CuInS_2$薄膜即可吸收90%的太阳光，因此$CuInS_2$非常适合作为光吸收层材料。随着人们研究的深入，$CuInS_2$薄膜的制备方法越来越多，主要的制备方法有喷雾热解法、电化学沉积法、化学水浴法、溅射法、涂覆法、真空蒸发法、连续离子层吸附反应法，各个方法由于工艺不同，制备出的$CuInS_2$薄膜的性能有所差异。本章主要讨论$CuInS_2$薄膜的磁控溅射－固态源硫化法制备技术，这种技术首先采用磁控溅射法制备Cu－In合金预制膜，然后通过固态硫源硫化Cu－In合金预制膜得到$CuInS_2$薄膜。该技术的优势是采用无毒的固态硫源取代剧毒硫源H_2S，更适合实际生产。本章首先论述制备Cu－In预制膜所需要的条件，然后重点研究固态源硫化工艺过程，包括硫化时间和硫化温度对薄膜的相结构、微观形貌、成分、光学性能和电学性能的影响规律。$CuInS_2$薄膜制备和测试分析的总体流程如图5.1所示。

直流磁控溅射靶材为Cu/In为1∶1的Cu－In合金靶，溅射时本底真空度为4×10^{-4} Pa，工作气体为氩气，工作气压为1.2 Pa。将硫粉置于石英舟中间，将制备的Cu－In预制膜置于硫粉上，然后将石英舟置于退火炉中间进行硫化处理，此过程的保护气体为N_2，硫化时间为10～30 min，硫化温度为350～500 ℃。采用X射线衍射（XRD）、扫描电镜（SEM）、能谱分析（EDS）、紫外可见光谱（UV-vis）和霍尔效应测试（Hall electrical measurement）对薄膜进行表征和性能测试。

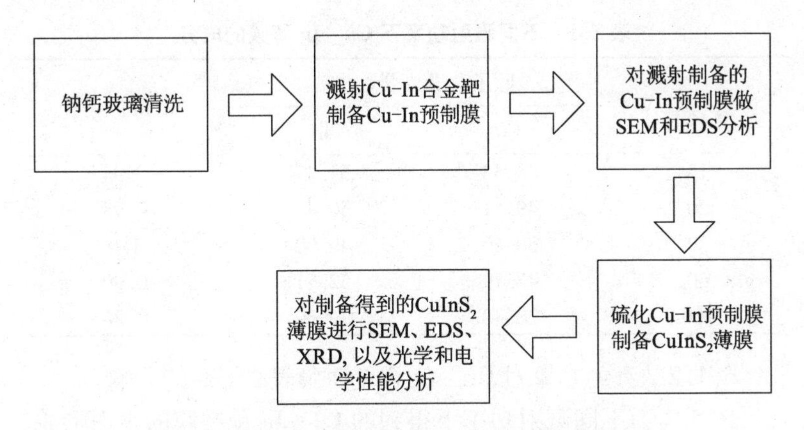

图 5.1　$CuInS_2$ 薄膜制备和测试分析的总体流程

5.1　磁控溅射法制备 Cu－In 合金预制膜

5.1.1　溅射功率对 Cu－In 合金薄膜成分的影响

通过能谱分析得到了不同溅射功率下制备的 Cu－In 预制膜的成分,见表 5.1。从表中可以看出,在不同功率下溅射得到的 Cu－In 预制膜都是略微富 In 的,只有在 30 W 的时候得到的略微富 Cu,这可能是由溅射不均匀造成的。在 15～30 W 的溅射功率下,得到的 Cu－In 预制膜的 Cu/In 原子比都接近 1∶1,与靶材的原始成分比较接近,而从 60 W 开始,预制膜中 In 含量明显增多,在 100 W 时,预制膜的 Cu/In 原子比达到了 0.26。由此可见,功率过大会导致薄膜过于富 In,从而影响预制膜的成膜质量。因此,利用 15～30 W 的溅射功率制备出的 Cu－In 预制膜符合硫化用预制膜的要求。

表 5.1　不同溅射功率下 Cu - In 薄膜的成分

溅射功率/W	原子百分含量/at. %		Cu/In 原子比
	Cu	In	
15	48.53	51.47	0.94
20	49.51	50.49	0.98
30	50.10	49.90	1.0
60	47.79	52.71	0.90
100	20.40	79.60	0.26

5.1.2　溅射功率对 Cu - In 合金薄膜表面形貌的影响

图 5.2 为不同溅射功率下得到的 Cu - In 预制膜的表面形貌，从图 5.2a 可以看出，预制膜表面较为平整、致密，但是有一些白色的小颗粒，这可能是由于 In 的溅射速率较快，在薄膜表面形成的一些 In 颗粒。从图 5.2b、c 可以看出，随着溅射功率的增大，薄膜表面的白色小颗粒增多，这会影响后续的硫化过程。因此，结合能谱分析，选定 Cu - In 预制膜的溅射功率为 15 W，因为在 15 W 的溅射功率下得到的 Cu - In 预制膜不仅成分符合要求，而且薄膜表面最为平滑、致密程度最好。

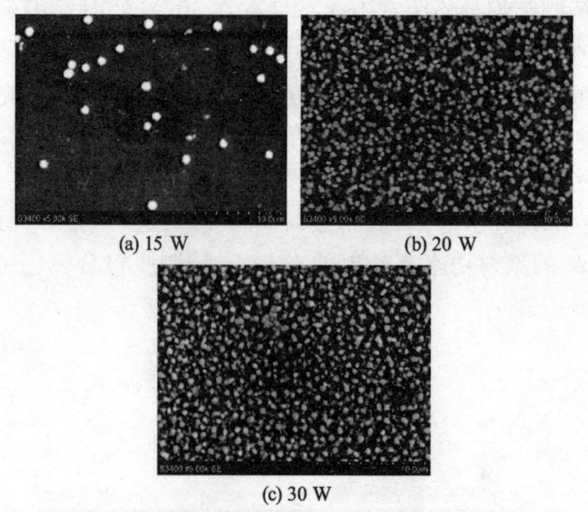

(a) 15 W　(b) 20 W　(c) 30 W

图 5.2　不同溅射功率下 Cu - In 预制膜的表面形貌

5.2　硫化温度对 $CuInS_2$ 薄膜特性的影响规律分析

5.2.1　硫化温度对 $CuInS_2$ 薄膜成分的影响

表5.2所示为采用能谱分析得到的不同硫化温度下 $CuInS_2$ 薄膜的成分，硫化时间为20 min，硫化温度为350～500 ℃。从表5.2可以看出，硫化温度为350 ℃时，薄膜是富Cu的，而硫化温度为400 ℃时，薄膜开始富In。从400 ℃开始，随着温度的升高，薄膜成分的变化不明显。因此为了得到适合太阳能电池光吸收层的略微富In的薄膜，选定硫化温度为400～500 ℃。

表5.2　不同硫化温度下 $CuInS_2$ 薄膜的成分

硫化温度/℃	原子百分含量/at.%			原子比例
	Cu	In	S	Cu/In/S
350	28.25	23.25	48.50	0.58∶0.48∶1
400	23.81	26.84	49.35	0.48∶0.54∶1
450	23.64	27.14	49.23	0.48∶0.55∶1
500	23.25	26.80	49.95	0.48∶0.54∶1

5.2.2　硫化温度对 $CuInS_2$ 薄膜相结构的影响

图5.3所示为不同硫化温度下硫化Cu-In预制膜所得薄膜的XRD图谱。从图中可以看出，硫化温度为350 ℃时已经形成了 $CuInS_2$ 相，但是杂相也较多(如CuS和 In_2S_3)，由于温度较低，峰的强度相对较弱。温度升高至400 ℃时，如图5.3b所示，形成了较好的 $CuInS_2$ 相，杂相只有 In_2S_3 相。当温度升高到450 ℃时，如图5.3c所示，获得了具有单一黄铜矿结构的 $CuInS_2$ 薄膜的相，没有杂相生成。这说明温度的升高有助于形成单一黄铜矿结构的 $CuInS_2$ 薄膜，而且随着温度的升高，衍射峰的强度增强，形成薄膜的半峰宽变小，薄膜的晶化越来越好。这是因为随着温度的升高，薄膜生成的晶粒越来越大，晶粒变大，晶界变少。但当温度升高到500 ℃

时,又生成了 In_2S_3 和 Cu_2S 的杂相,这说明 450 ℃是硫化的一个关键温度,温度再高可能会影响硫化质量。

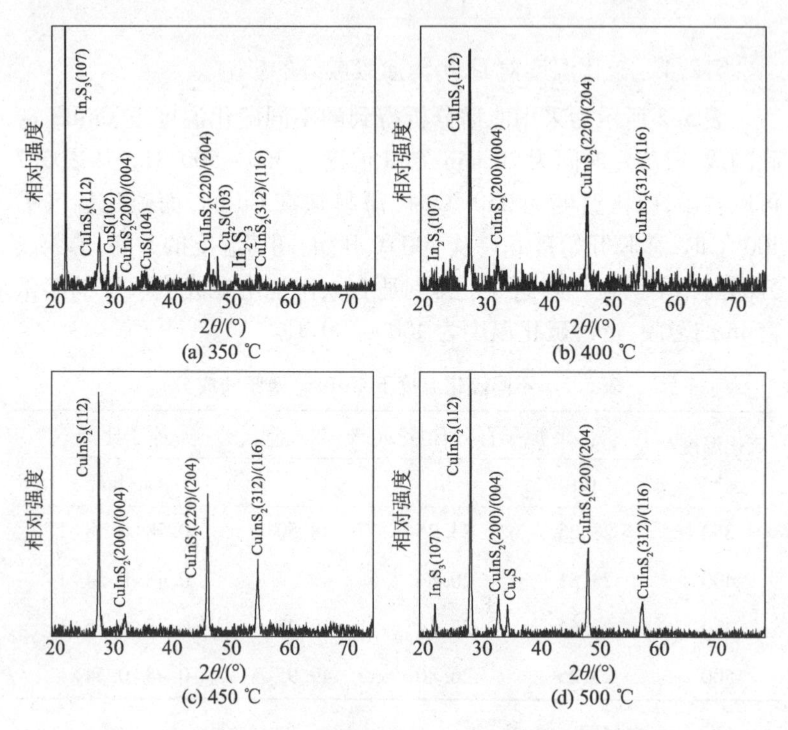

图 5.3　不同硫化温度下 $CuInS_2$ 薄膜的 XRD 图谱

5.2.3　硫化温度对 $CuInS_2$ 薄膜表面形貌的影响

图 5.4 为不同硫化温度下 $CuInS_2$ 薄膜的表面形貌,从图 5.4a 可以看出,硫化温度为 350 ℃时,形成的薄膜表面有杂质颗粒,这与 XRD 的分析相符,而且薄膜表面的平整性较差。当硫化温度升高到 400 ℃时,如图 5.4b 所示,薄膜表面的杂质颗粒明显减少,薄膜表面开始变得平整。当硫化温度达到 450 ℃时,如图 5.4c 所示,薄膜表面没有明显的杂质颗粒,但当硫化温度达到 500 ℃时又有大的杂质颗粒析出,这可能是由反应不均匀造成的大颗粒析出,这也与 XRD 的分析相符。

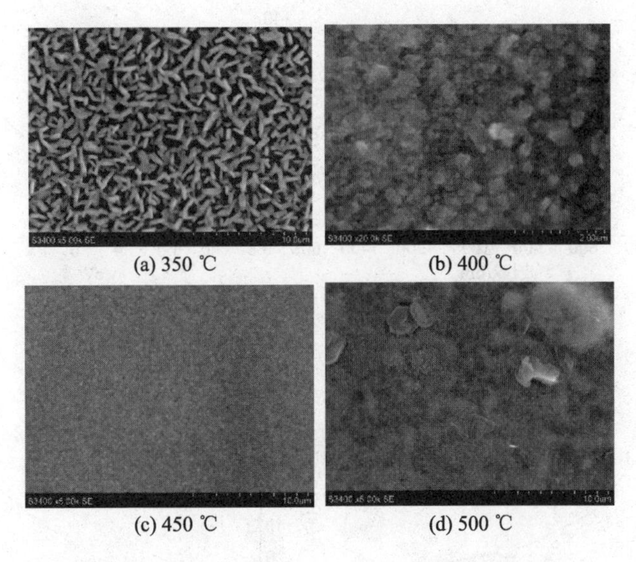

(a) 350 ℃　(b) 400 ℃

(c) 450 ℃　(d) 500 ℃

图 5.4　不同硫化温度下 $CuInS_2$ 薄膜的表面形貌

5.2.4　硫化温度对 $CuInS_2$ 薄膜光学特性的影响

$CuInS_2$ 薄膜的光学特性取决于 $CuInS_2$ 薄膜的禁带宽度和吸收系数，这两个参数直接影响 $CuInS_2$ 薄膜对太阳光的吸收。前文已述吸收系数和禁带宽度 E_g 的计算方法。利用紫外可见光谱对薄膜进行测试，并计算得到薄膜的 $\alpha-\lambda$ 曲线和 $(\alpha h\nu)^2-h\nu$ 曲线，如图 5.5 所示。

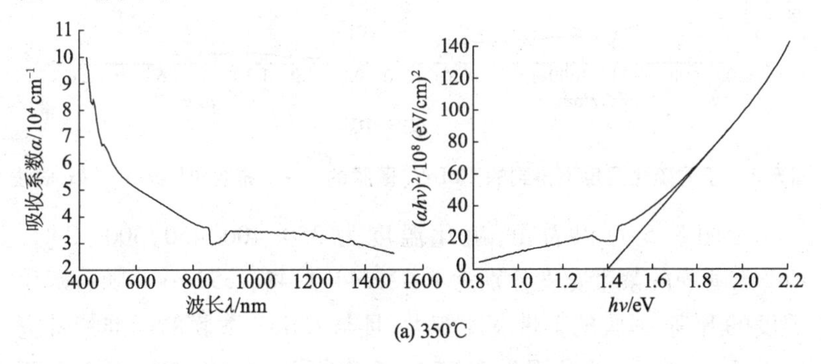

(a) 350℃

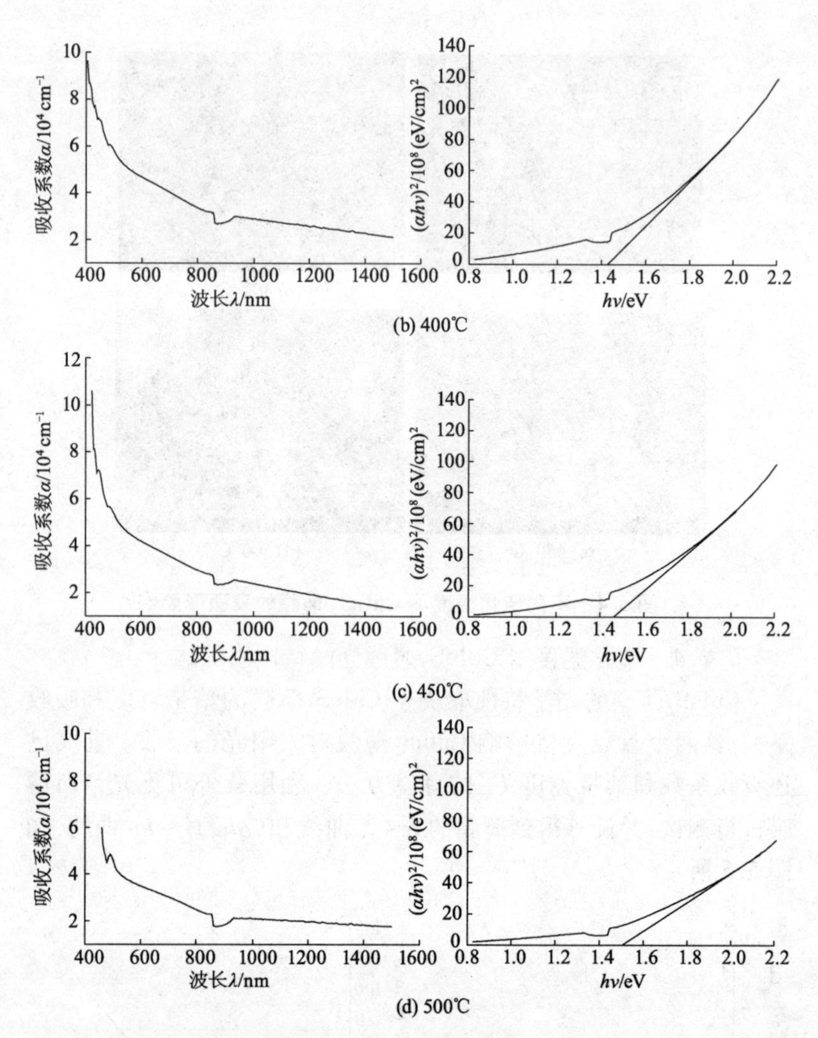

图5.5　不同硫化温度下得到的 $CuInS_2$ 薄膜的 $\alpha-\lambda$ 曲线和 $(\alpha h\nu)^2-h\nu$ 曲线

由图5.5可以看出，硫化温度为350、400、450、500 ℃时，$CuInS_2$薄膜的禁带宽度分别为1.4、1.44、1.48、1.52 eV。随着硫化温度的升高，薄膜的禁带宽度变大，且与$CuInS_2$薄膜的标准禁带宽度1.5 eV接近，这是因为在350～500 ℃硫化时形成了$CuInS_2$薄膜，这与XRD分析相符。

5.2.5　硫化温度对 $CuInS_2$ 薄膜电学性能的影响

表5.3给出不同硫化温度下 $CuInS_2$ 薄膜的电学性能，从表5.3可以看出，350 ℃硫化时得到的薄膜为n型（载流子浓度小于零），而高于350 ℃硫化时得到的薄膜为p型（载流子浓度大于零）。温度从400 ℃升高到450 ℃时，薄膜的电阻率升高，电导率降低，这是由In的二元化合物消失导致的；而温度从450 ℃升高到500 ℃时，薄膜的电阻率降低，电导率升高，这是因为薄膜表面又生成了新的In和Cu的二元化合物，其类金属的性质会使电导率升高。$CuInS_2$ 吸收层的理想电阻率为 $10 \sim 10^3\ \Omega \cdot cm$，电阻率太高会使电池效率降低，太小又会影响p-n结的特性，导致电池短路。从表5.3可以看出所得薄膜的电阻率均比较合适。

表5.3　不同硫化温度下 $CuInS_2$ 薄膜的电学性能

硫化温度/℃	载流子浓度/cm^{-3}	迁移率/($cm^2 \cdot V^{-1} \cdot s^{-1}$)	电阻率/($\Omega \cdot cm$)	电导率/(S/cm)
350	-3.515E+19	5.776E+1	3.075E-3	3.252E+2
400	5.400E+16	2.629E-1	4.397E+2	2.272E-3
450	1.834E+15	2.092E+0	1.626E+3	6.149E-4
500	2.170E+17	2.181E-1	1.318E+2	7.585E-3

5.3　硫化时间对 $CuInS_2$ 薄膜特性的影响规律分析

5.3.1　硫化时间对 $CuInS_2$ 薄膜成分的影响

表5.4所示为能谱分析得到的不同硫化时间下 $CuInS_2$ 薄膜的成分。硫化温度为400 ℃，硫化时间为10、20、30 min。从表5.4可以看出，随着硫化时间的增加，Cu/In原子比略微减小，薄膜中In的含量略微增加，薄膜中各组分的含量变化很小，薄膜为略微富In型，能有效地阻止 Cu_xS 杂质相的形成。不同硫化时间下得到的薄膜的原子比（Cu∶In∶S）都接近1∶1∶2，即硫化时间在10～30 min内能获得成分符合 $CuInS_2$ 薄膜的理想原子比。

表 5.4　不同硫化时间下 $CuInS_2$ 薄膜的成分

硫化时间/min	原子百分含量/at. %			原子比例
	Cu	In	S	Cu/In/S
10	24.11	26.52	49.37	0.49 : 0.54 : 1
20	23.81	26.84	49.35	0.48 : 0.54 : 1
30	23.42	28.43	48.15	0.49 : 0.59 : 1

5.3.2　硫化时间对 $CuInS_2$ 薄膜相结构的影响

图 5.6 为不同硫化时间下 $CuInS_2$ 薄膜的 XRD 图谱。从图 5.6 可以看出，硫化时间为 10 min 时形成了 $CuInS_2$ 相，但是反应不完全，还有 $Cu_{16}In_9$ 和 $CuIn_5S_8$ 中间相。当硫化时间延长为 20 min 时，$Cu_{16}In_9$ 和 $CuIn_5S_8$ 中间相消失，较好地形成了 $CuInS_2$ 相，但也有杂相 In_2S_3 生成。当硫化时间延长为 30min 时，虽然杂相未消失，但是薄膜的结晶程度明显变好，可见，硫化时间的延长对 $CuInS_2$ 相的生成和薄膜的结晶质量都有比较好的影响。

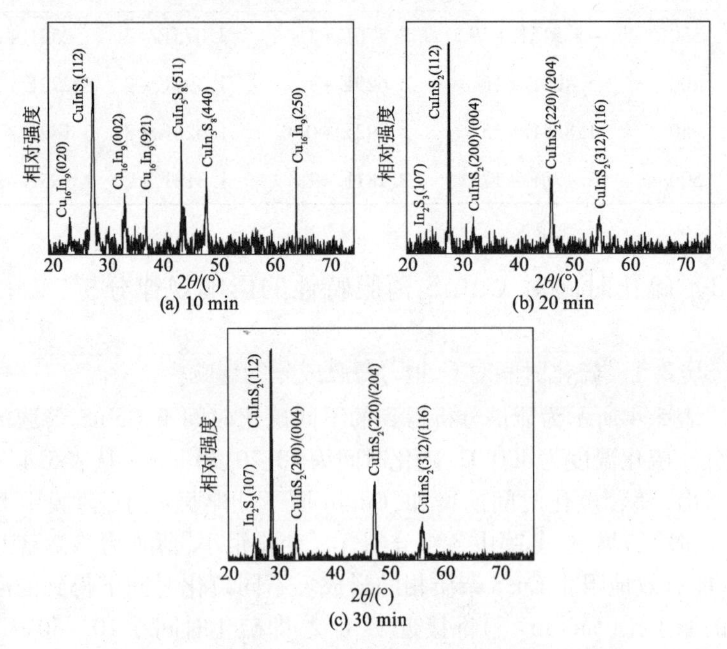

图 5.6　不同硫化时间下 $CuInS_2$ 薄膜的 XRD 图谱

5.3.3　硫化时间对 $CuInS_2$ 薄膜表面形貌的影响

图5.7为不同硫化时间下 $CuInS_2$ 薄膜的表面形貌，从图中可以看出，不同硫化时间下都会有一些细小晶粒生成，结合EDS分析，这可能与薄膜贫铜有关。随着硫化时间的增加，薄膜表面越来越均匀。

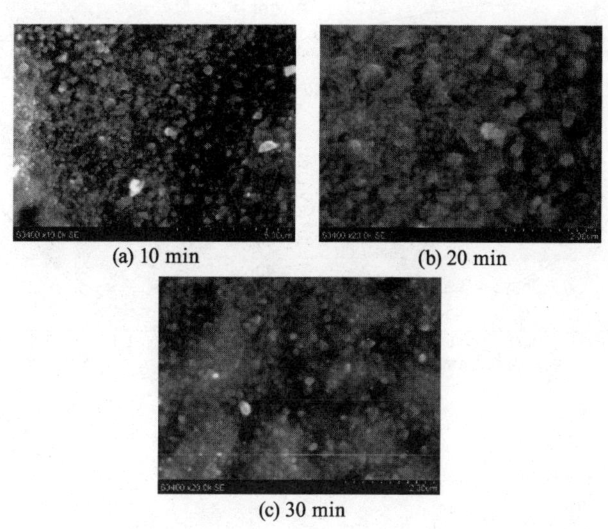

(a) 10 min　(b) 20 min　(c) 30 min

图5.7　不同硫化时间下 $CuInS_2$ 薄膜的表面形貌

5.3.4　硫化时间对 $CuInS_2$ 薄膜光学特性的影响

不同硫化时间下得到的薄膜的吸收曲线和 $(\alpha h\nu)^2-h\nu$ 曲线如图5.8所示，计算禁带宽度的方法这里不再详述。硫化时间10、20、30 min所对应的禁带宽度依次为1.40、1.48、1.55 eV。可见随着硫化时间的增加，薄膜的禁带宽度变大。有文献指出随着Cu/In原子比的减小，薄膜的禁带宽度增大。

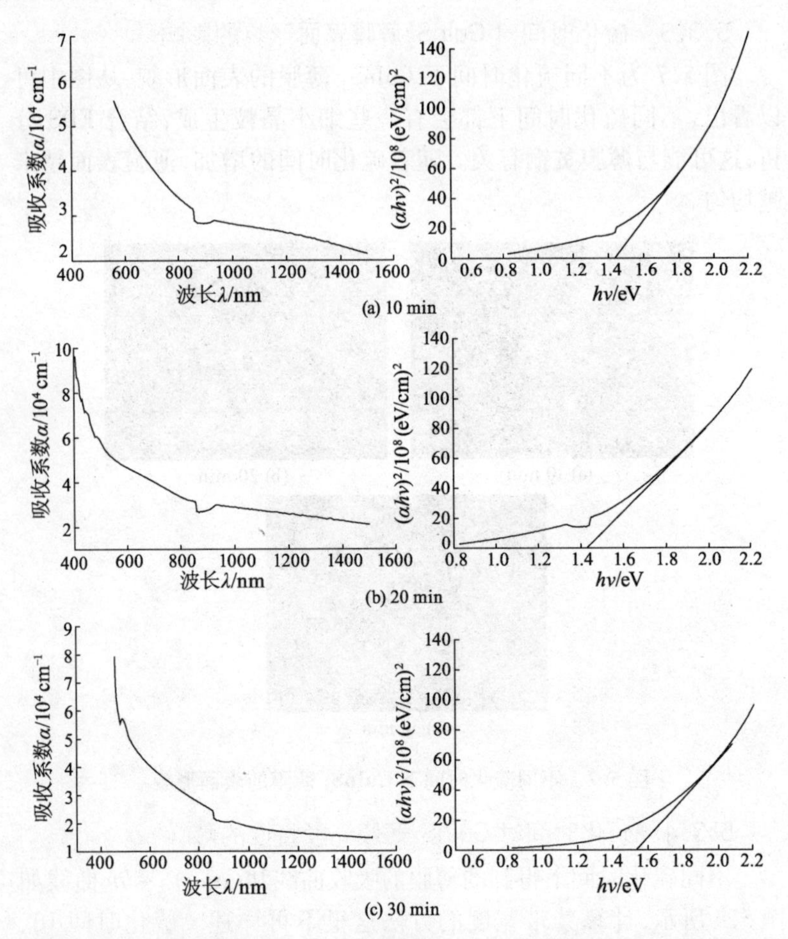

图 5.8 不同硫化时间下得到的薄膜的 $\alpha-\lambda$ 曲线和 $(\alpha h\nu)^2-h\nu$ 曲线

5.3.5 硫化时间对 $CuInS_2$ 薄膜电学性能的影响

表 5.5 所示为不同硫化时间下形成的 $CuInS_2$ 薄膜的电学性能,400 ℃下硫化所得薄膜均为 p 型薄膜。随着硫化时间的增加,薄膜的电阻率升高,电导率降低,这可能是由于 10 min 时有较多金属杂相生成,而金属二元化合物具有类金属的性质;但是随着硫化时间的增加,金属杂相减少,而且薄膜的结晶越来越好。这与 XRD 的分析相符。

表5.5　不同硫化时间下$CuInS_2$薄膜的电学性能

硫化时间/min	载流子浓度/cm^{-3}	迁移率/($cm^2\cdot V^{-1}\cdot s^{-1}$)	电阻率/($\Omega\cdot cm$)	电导率/(S/cm)
10	6.257E+18	3.389E-1	2.994E+0	3.396E-1
20	5.400E+16	2.629E-1	4.397E+2	2.272E-3
30	3.697E+16	1.333E-1	1.266E+3	7.897E-4

5.4　小　结

采用磁控溅射法制备Cu－In合金预制膜，硫化Cu－In合金预制膜得到$CuInS_2$薄膜。固态硫源硫化法制得了沿(112)晶面择优生长、性能良好的具有黄铜矿结构的$CuInS_2$薄膜。在不同溅射功率下制备Cu－In预制膜，结合EDS和SEM分析，选定溅射功率为15 W，因为此溅射功率下得到的Cu－In预制膜不仅成分符合要求，而且薄膜表面最为平滑、致密程度最好。硫化温度为350～500 ℃时均能形成$CuInS_2$薄膜，在450 ℃时得到具有单一黄铜矿结构的$CuInS_2$薄膜的相，且没有杂相生成。硫化温度为450 ℃时得到的$CuInS_2$薄膜表面平整，禁带宽度为1.48 eV，与$CuInS_2$薄膜的标准禁带宽度1.5eV接近，而且电学性能良好。硫化温度为400 ℃，硫化时间为10 min时形成了$CuInS_2$相，但是反应不完全，还有$Cu_{16}In_9$和$CuIn_5S_8$中间相。随着硫化时间的增加，中间相消失，逐渐形成$CuInS_2$相；同时薄膜表面越来越均匀。随着硫化时间的增加，薄膜的Cu/In原子比减小，导致薄膜的禁带宽度增大。随着硫化时间的增加，薄膜的电阻率升高，电导率降低。

第6章　Cu_2ZnSnS_4 薄膜材料的涂覆法制备技术

$CuIn(Ga)Se_2$薄膜太阳能电池有着优异的性能，在实验室条件下，最高转化效率可达到21.7%，然而材料中的In和Ga是稀有贵金属元素，提高了$CuIn(Ga)Se_2$薄膜太阳能电池的成本。近年来，Cu_2ZnSnS_4(CZTS)由于具有与$CuIn(Ga)Se_2$材料相似的结构和光学性质，且材料中不包含贵金属元素而受到越来越多的重视。Cu_2ZnSnS_4材料是直接带隙半导体，在室温下有接近吸收太阳能光谱的最佳禁带宽度1.50 eV，且温度变化对禁带宽度的影响较小。Cu_2ZnSnS_4 材料有高达$10^4\ cm^{-1}$的吸收系数，只需很薄就可以吸收大部分光，可以节省材料，而且Cu_2ZnSnS_4同质结太阳能电池的理论光电转化效率可以超过32.2%，被认为是一种极具吸引力和应用潜力的廉价薄膜太阳能电池吸收层材料。

Cu_2ZnSnS_4薄膜的制备方法大致可以分为真空工艺方法和非真空工艺方法两类。常用的真空方法包括真空蒸发法、溅射法、激光脉冲沉积法等，非真空方法主要包括喷雾热裂解法、电化学沉积法、纳米颗粒沉积法、涂覆法等。涂覆法是指选取Cu、Zn和Sn的硫化物粉末，加入有机溶剂后置于研磨罐中研磨形成料浆，将料浆涂覆于衬底表面，高温热处理制备Cu_2ZnSnS_4薄膜。涂覆法可以在前驱体阶段实现对薄膜成分的精确控制，并且这种技术具有操作简单、低成本、非真空设备及无污染等优点。

本章主要论述采用涂覆技术制备Cu_2ZnSnS_4薄膜太阳能电池光吸收层，所采用的初始原料为CuS、ZnS和SnS，其他工艺流程及测试分析方法与前述CIGS的涂覆技术基本相同，这里不再赘述，主要讨论Cu_2ZnSnS_4薄膜化学成分、相结构、薄膜致密度及光学特性等的影响因素。

6.1 前驱体料浆的粒度分析

以CuS、ZnS和SnS这三种二元化合物为原料制成前驱体料浆。试样编号和设计配比见表6.1。

表6.1 试样编号和设计配比

试样	设计元素含量/at.%				原子比	
	Cu	Zn	Sn	S	Cu/(Zn+Sn)	Zn/Sn
A	25.00	12.50	12.50	50.00	1.00	1.00
B	26.18	11.90	11.90	50.02	1.10	1.00
C	23.80	14.28	11.90	50.02	0.91	1.20
D	23.80	11.90	14.34	49.96	0.91	0.83

按照表6.1设计的配比称取原料，混合均匀后放入玛瑙罐中，加入无水乙醇，无水乙醇的加入量按照5 mL无水乙醇/1g混合料的比例加入。将玛瑙罐置于行星式球磨机上研磨，制备含有Cu_2ZnSnS_4成分的前驱体料浆，研磨介质是玛瑙球，为获取微米级材料，玛瑙球大、小球配比为1∶5，最佳转速为230 r/min，研磨时间为24～72 h。

对料浆进行激光粒度分析，结果如图6.1所示，可看到随着球磨时间的延长，料浆粒度逐渐变小，图6.1e所示料浆粒度分布最符合要求，大部分的料浆颗粒粒径都小于1 μm。实际上，料浆中的Cu_2ZnSnS_4粒子的真实粒度远小于这个测量值。研磨后料浆中的粒子紧紧团聚在一起，这会直接影响激光衍射式粒度分布测量仪的测试结果。因此，制备好的料浆不宜长时间放置。

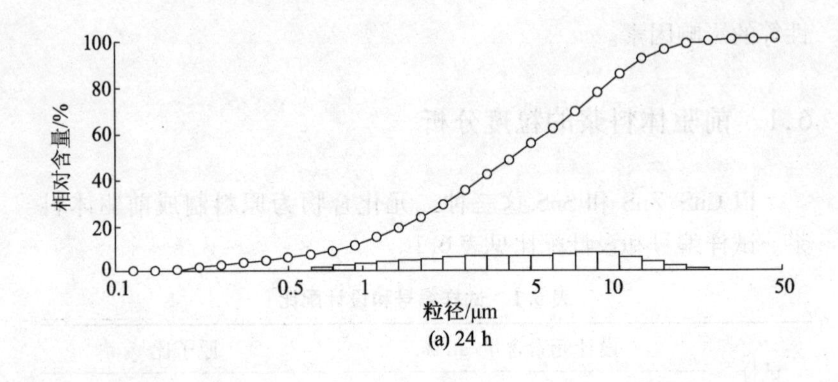

(a) 24 h

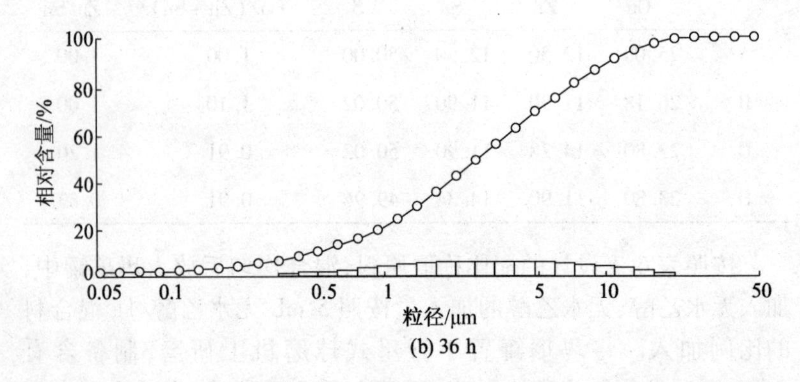

(b) 36 h

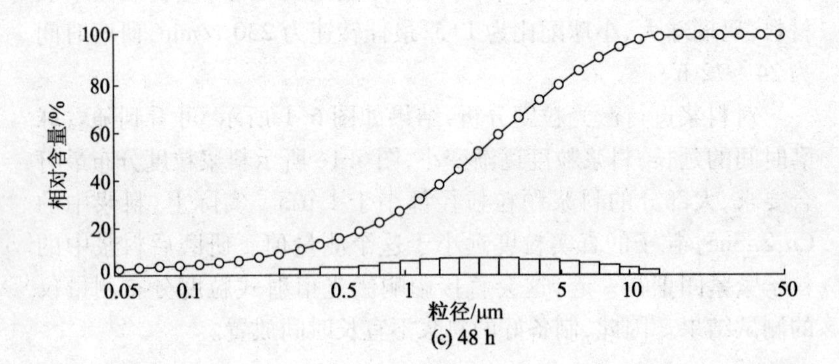

(c) 48 h

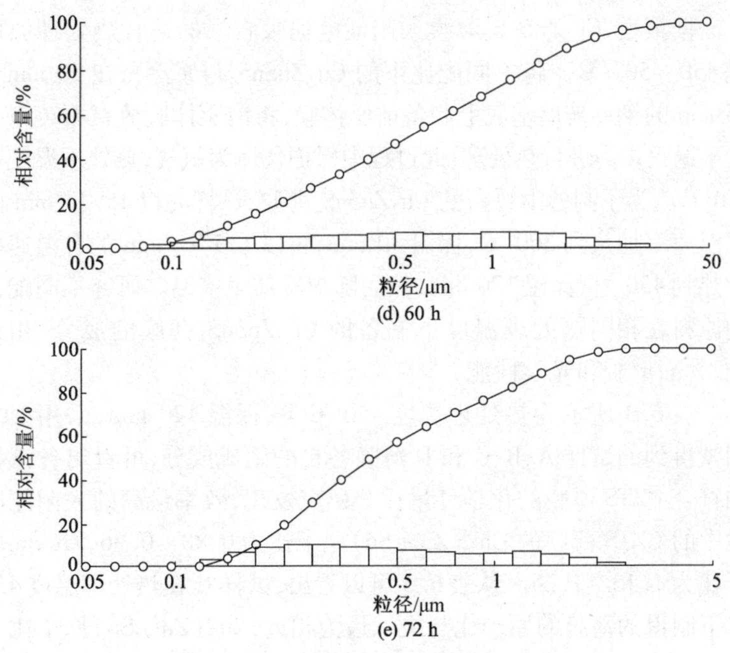

图 6.1　料浆的粒度分析结果

6.2　不同原料配比对 Cu_2ZnSnS_4 薄膜特性的影响

6.2.1　Cu_2ZnSnS_4薄膜的化学成分分析

表 6.2 所示为按照不同的配比研磨 72 h 后，采用 EDS 测试得到的前驱体料浆的化学组成。从表 6.2 可以看出，充分研磨后料浆的组成成分基本没有发生变化，且没有其他杂质产生。

表 6.2　粉末料浆的化学组成

试样	原子百分含量/at. %				原子比	
	Cu	Zn	Sn	S	Cu/(Zn + Sn)	Zn/Sn
A	24.74	12.89	13.06	49.31	0.95	0.99
B	25.82	12.15	11.83	50.20	1.08	1.03
C	24.80	13.78	11.82	50.02	0.96	1.17
D	23.80	11.63	13.94	50.63	0.93	0.83

据报道，Cu_2ZnSnS_4薄膜太阳能电池吸收层的适宜热处理温度是450～500 ℃。将不同配比下的Cu_2ZnSnS_4料浆涂覆在20 mm×15 mm的钠钙玻璃基底上制备前驱体膜，将前驱体膜放在石英舟上置于退火炉内进行热处理，此过程中保护气体为氩气，热处理温度为450 ℃。为了制备出致密的Cu_2ZnSnS_4薄膜，试样先以15 ℃/min的升温速率加热到300 ℃，保温30 min，再以1.5 ℃/min的升温速率加热到450 ℃，保温120 min，然后随炉冷却至室温。研究不同配比的原料在相同热处理温度下制备的Cu_2ZnSnS_4薄膜的成分、相结构、表面形貌和光学性能。

表6.3所示为热处理温度450 ℃下，保温120 min，采用EDS测试得到的试样A、B、C和D薄膜各自的组成成分，可看出各试样均符合CZTS薄膜的化学计量比。研究发现，效率最高的太阳能电池中的CZTS薄膜的Cu/(Zn+Sn)原子比为0.88～0.96，Zn/Sn原子比为1.13～1.25。从表6.3可以看出，试样C在热处理温度450 ℃下制得的薄膜的原子比与文献最为相近，Cu/(Zn+Sn)原子比为0.92，Zn/Sn原子比为1.22。

表6.3　不同的配比下Cu_2ZnSnS_4薄膜的成分

试样	原子百分含量/at.%				原子比	
	Cu	Zn	Sn	S	Cu/(Zn+Sn)	Zn/Sn
A	24.01	11.95	12.53	51.51	0.98	0.95
B	26.78	11.83	11.15	50.24	1.17	1.06
C	23.80	14.27	11.66	50.27	0.92	1.22
D	24.07	11.73	13.89	50.31	0.94	0.84

6.2.2　不同原料配比对Cu_2ZnSnS_4薄膜相结构的影响

图6.2所示为经450 ℃热处理不同配比的薄膜（即试样A、B、C、D薄膜）的XRD图谱。可以看出不同的配比对CZTS薄膜的结晶取向影响不大。各XRD图谱都呈现四个特征衍射峰，对应于标准锌黄锡矿结构Cu_2ZnSnS_4的（112）、（200）、（220）和

(312)面的衍射峰。XRD 图谱中没有明显的杂峰,且主要的衍射峰窄而尖。这说明所获得的 CZTS 薄膜均为纯相,均是以(112)晶面择优取向的单一的 Cu_2ZnSnS_4 物相。

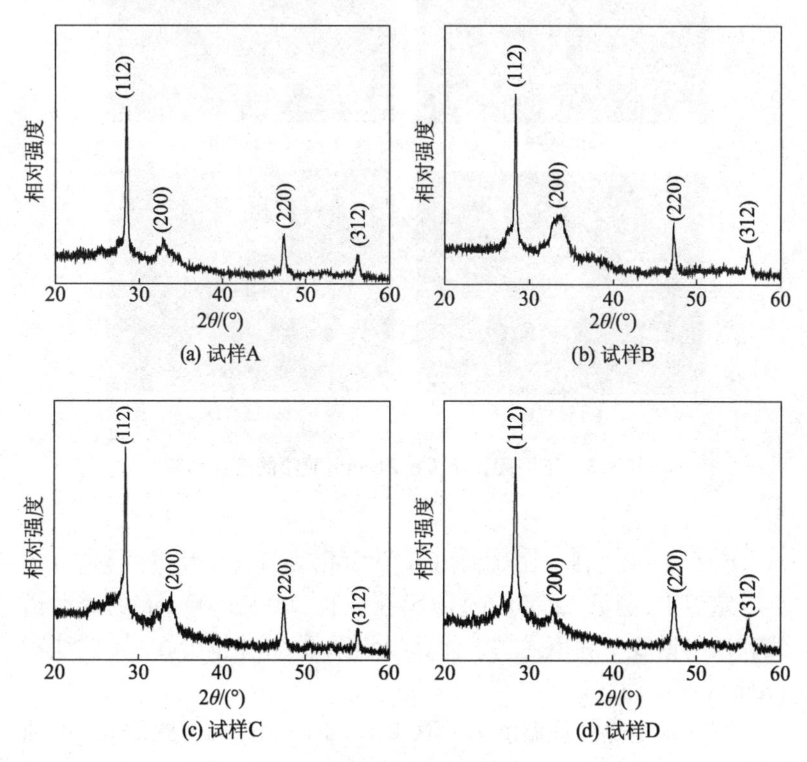

图 6.2　不同配比的 Cu_2ZnSnS_4 薄膜的 XRD 图谱

6.2.3　Cu_2ZnSnS_4 薄膜的表面形貌分析

图 6.3 为热处理温度为 450 ℃的试样 A、B、C 和 D 的表面形貌。从图 6.3 可以看出,薄膜晶粒尺寸分布均匀,薄膜表面比较平整,晶粒与晶粒之间的孔洞较少。因此,热处理温度为 450 ℃时,Cu_2ZnSnS_4 薄膜晶粒的生长情况较好。

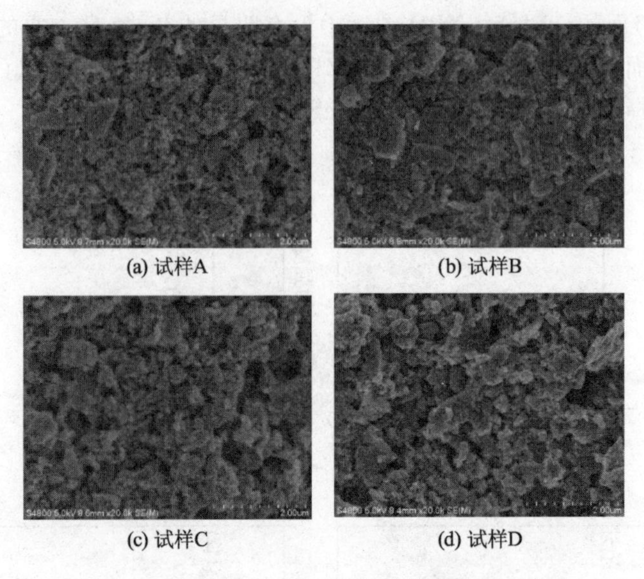

图 6.3　不同配比下 Cu_2ZnSnS_4 薄膜的表面形貌

6.2.4　不同原料配比对 Cu_2ZnSnS_4 薄膜光学特性的影响

室温下，测量 Cu_2ZnSnS_4 薄膜在波长 300 ~ 1500 nm 的透射谱线和反射谱线。利用式 2.3 计算吸收系数 α，并作出 $\alpha-\lambda$ 曲线和 $(\alpha h\nu)^2-h\nu$ 曲线。

图 6.4 是热处理温度为 450 ℃时，不同配比的薄膜的 $\alpha-\lambda$ 曲线和 $(\alpha h\nu)^2-h\nu$ 曲线。从图上可以看出，试样 A、B、C、D 的禁带宽度分别约为 1.60、1.69、1.37、1.55 eV。当 Cu_2ZnSnS_4 成分偏离化学计量比时会产生点缺陷，这些点缺陷会在禁带中产生新能级，所以可以通过改变金属元素的含量来调控带隙的大小，而不需要掺杂其他元素；元素含量的比例显然会影响材料的结构，从而改变材料的性能。

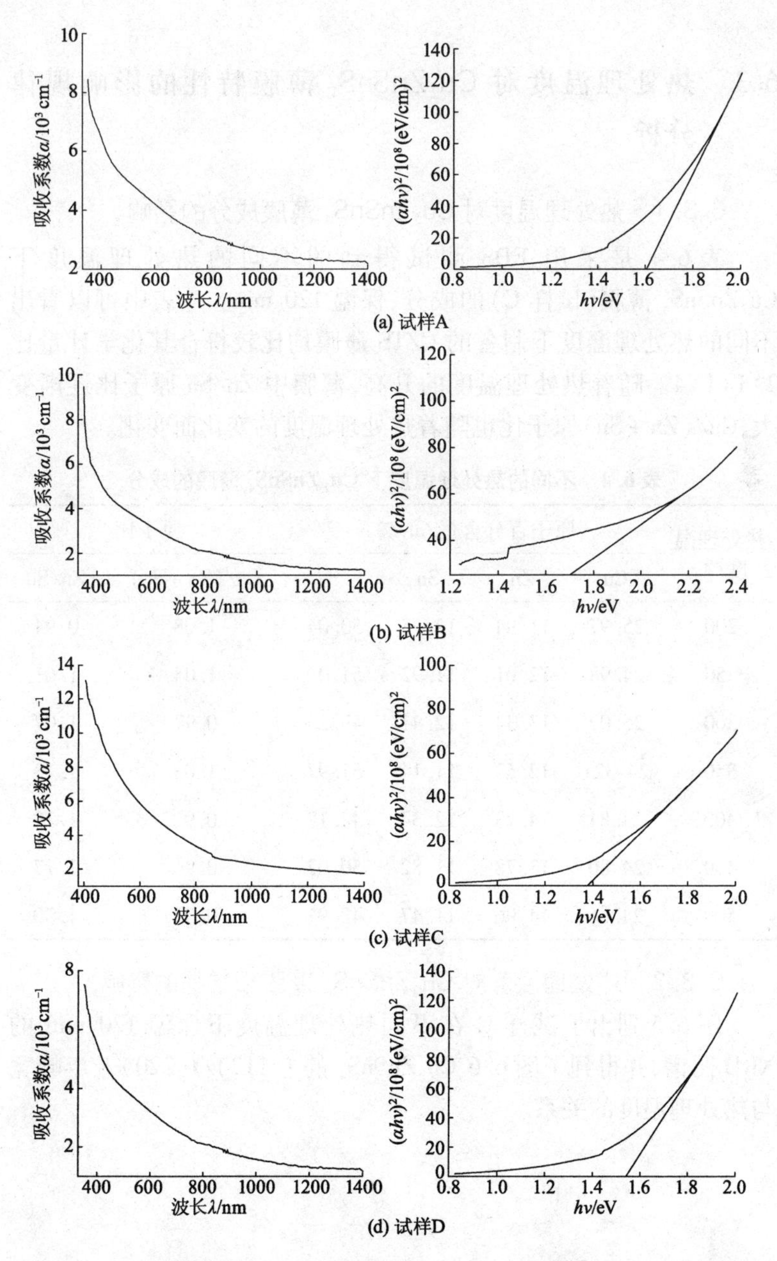

图 6.4　不同配比下 Cu_2ZnSnS_4 薄膜的 $\alpha-\lambda$ 曲线和 $(\alpha h\nu)^2-h\nu$ 曲线

6.3 热处理温度对 Cu_2ZnSnS_4 薄膜特性的影响规律分析

6.3.1 热处理温度对 Cu_2ZnSnS_4 薄膜成分的影响

表6.4是采用EDS测试得到的不同的热处理温度下 Cu_2ZnSnS_4 薄膜(试样C)的成分,保温120 min。从表中可以看出不同的热处理温度下制备的CZTS薄膜均比较符合其化学计量比2:1:1:4。随着热处理温度的升高,薄膜中Zn/Sn原子比逐渐变大,Cu/(Zn+Sn)原子比也随着热处理温度的变化而变化。

表6.4 不同的热处理温度下 Cu_2ZnSnS_4 薄膜的成分

热处理温度/℃	原子百分含量/at.%				原子比	
	Cu	Zn	Sn	S	Cu/(Zn+Sn)	Zn/Sn
200	25.97	11.94	12.35	50.04	1.08	0.94
250	24.98	12.01	11.92	51.09	1.04	1.01
300	25.02	13.34	12.41	49.23	0.97	1.07
350	24.321	12.57	11.14	51.97	1.03	1.13
400	24.81	14.73	12.34	48.12	0.92	1.19
450	24.80	13.78	11.82	50.02	0.96	1.17
500	24.66	14.96	11.47	48.91	0.93	1.30

6.3.2 热处理温度对 Cu_2ZnSnS_4 薄膜相结构的影响

图6.5列出了试样C在不同热处理温度下保温120 min的XRD图谱,并得到了图6.6 Cu_2ZnSnS_4 的 $I(112)/I(220)$ 及半峰宽与热处理温度的关系。

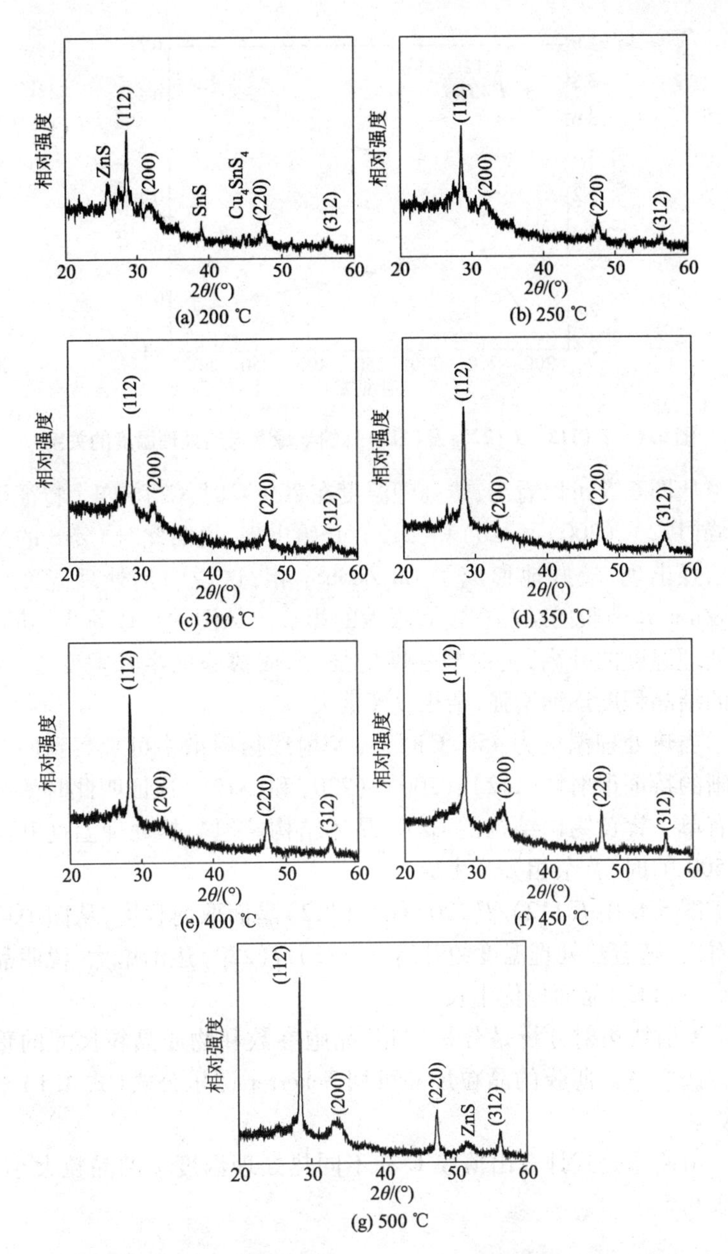

图 6.5　不同热处理温度下 Cu_2ZnSnS_4 薄膜的 XRD 图谱

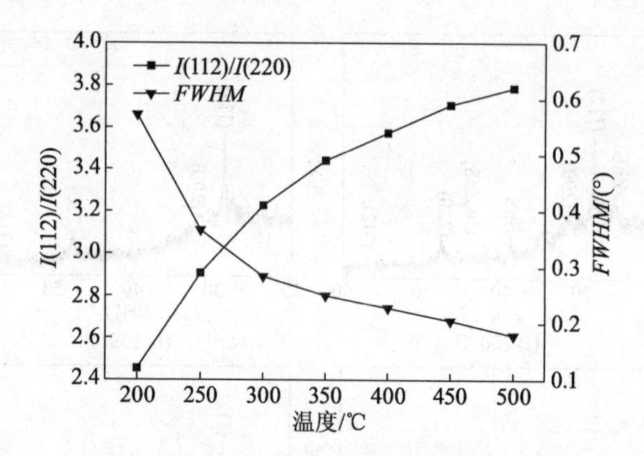

图 6.6 I(112)/I(220)及(112)峰的半峰宽与热处理温度的关系

从图 6.5 可以看出，热处理温度在 200 ℃时，CZTS 四个特征衍射峰(112)、(200)、(220)和(312) 开始出现，说明此时 CZTS 的结晶已经出现，较好地形成了 Cu_2ZnSnS_4 相，这说明热处理温度对 Cu_2ZnSnS_4 薄膜的结晶程度有很大的影响。从图中可以看出，随着热处理温度的升高，衍射峰强度增强，形成薄膜的半峰宽变小，薄膜的结晶程度逐渐增强，杂相逐渐消失。

当热处理温度为 450 ℃时，从 X 射线衍射谱中可观察到四个清晰的特征衍射峰(112)、(200)、(220)和(312)，这证明此时薄膜具有单一锌黄锡矿结构的 CZTS 晶体结构。但当热处理温度升高至 500 ℃时，有杂相 ZnS 生成。

图 6.6 中 I(112)/I(220)代表(112)晶面取向程度，从图中可以看出，随着热处理温度的升高，I(112)/I(220)逐渐增大，说明晶粒沿着(112)晶面择优生长。

X 射线衍射分析是分析物相、晶胞参数和物质晶粒尺寸的重要方法之一。薄膜的晶粒尺寸可用 Scherrer 谢乐公式(式 4.1)来计算。

由谢乐公式计算出薄膜 C 在不同热处理温度下的晶粒大小，见表 6.5。

表 6.5　Cu_2ZnSnS_4 薄膜的平均晶粒尺寸

热处理温度/℃	200	250	300	350	400	450	500
平均晶粒尺寸/nm	10.6	17.3	22.8	27.1	31.5	34.7	36.9

由表 6.5 可见，Cu_2ZnSnS_4 薄膜的平均晶粒尺寸随热处理温度的升高而逐渐增大，说明热处理温度的提高可以改善 CZTS 薄膜的结晶性。热处理温度在 200～300 ℃时，晶粒生长得最快。

6.3.3　热处理温度对 Cu_2ZnSnS_4 薄膜表面形貌的影响

图 6.7 为不同热处理温度下 Cu_2ZnSnS_4 薄膜的表面形貌。从图 6.7 可以看出，当热处理温度为 200 ℃时，样品表面出现尺寸不均匀的晶粒，表面有孔洞。随热处理温度的升高，晶粒尺寸逐渐增大，表面孔洞减少。当热处理温度为 450 ℃时，薄膜晶粒尺寸分布均匀，薄膜表面比较平整，晶粒与晶粒之间的孔洞较少。当温度升高到 500 ℃时，晶粒尺寸继续增大，同时薄膜的表面粗糙度明显增大。这表明，随着热处理温度的升高，晶粒的尺寸增大，结晶度也升高。在 CZTS 薄膜电池的应用中，薄膜出现孔洞往往伴随更多的缺陷，增大了载流子在传输过程中因复合而损耗的概率，使电池性能变差。因此，热处理温度对薄膜晶体的生长情况有很大影响，这里采用 450 ℃作为最优热处理条件。这与 Cu_2ZnSnS_4 薄膜的适宜热处理温度 450～500 ℃是一致的。

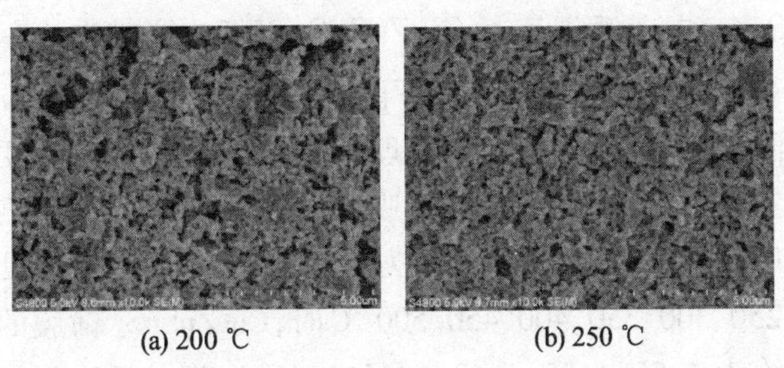

(a) 200 ℃　　(b) 250 ℃

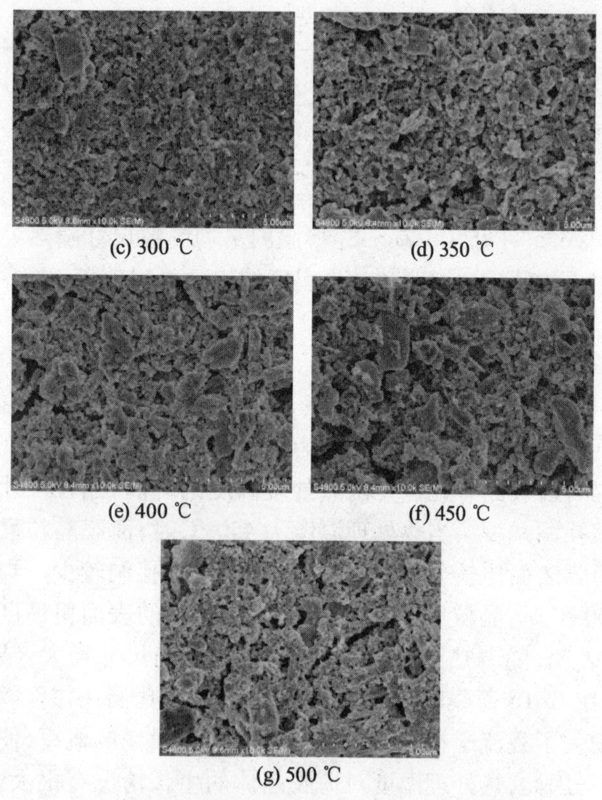

图 6.7　不同热处理温度下 Cu_2ZnSnS_4 薄膜的表面形貌

6.3.4　热处理温度对 Cu_2ZnSnS_4 薄膜光学特性的影响

图 6.8 为不同热处理温度下薄膜的 $\alpha-\lambda$ 曲线和 $(\alpha h\nu)^2-h\nu$ 曲线。由图 6.8 可以看出，热处理温度对薄膜的禁带宽度有很大的影响。当热处理温度升高时，吸收系数逐渐变大。当热处理温度为 450 ℃时，吸收系数最大约为 $1.3\times10^4\ cm^{-1}$。当热处理温度为 200、250、300、350、400、450、500 ℃时，Cu_2ZnSnS_4 薄膜的禁带宽度分别约为 1.55、1.53、1.49、1.45、1.41、1.37、1.31 eV。由此可见，随着热处理温度升高，薄膜的结晶性变好，CZTS 薄膜的禁带宽度变小。

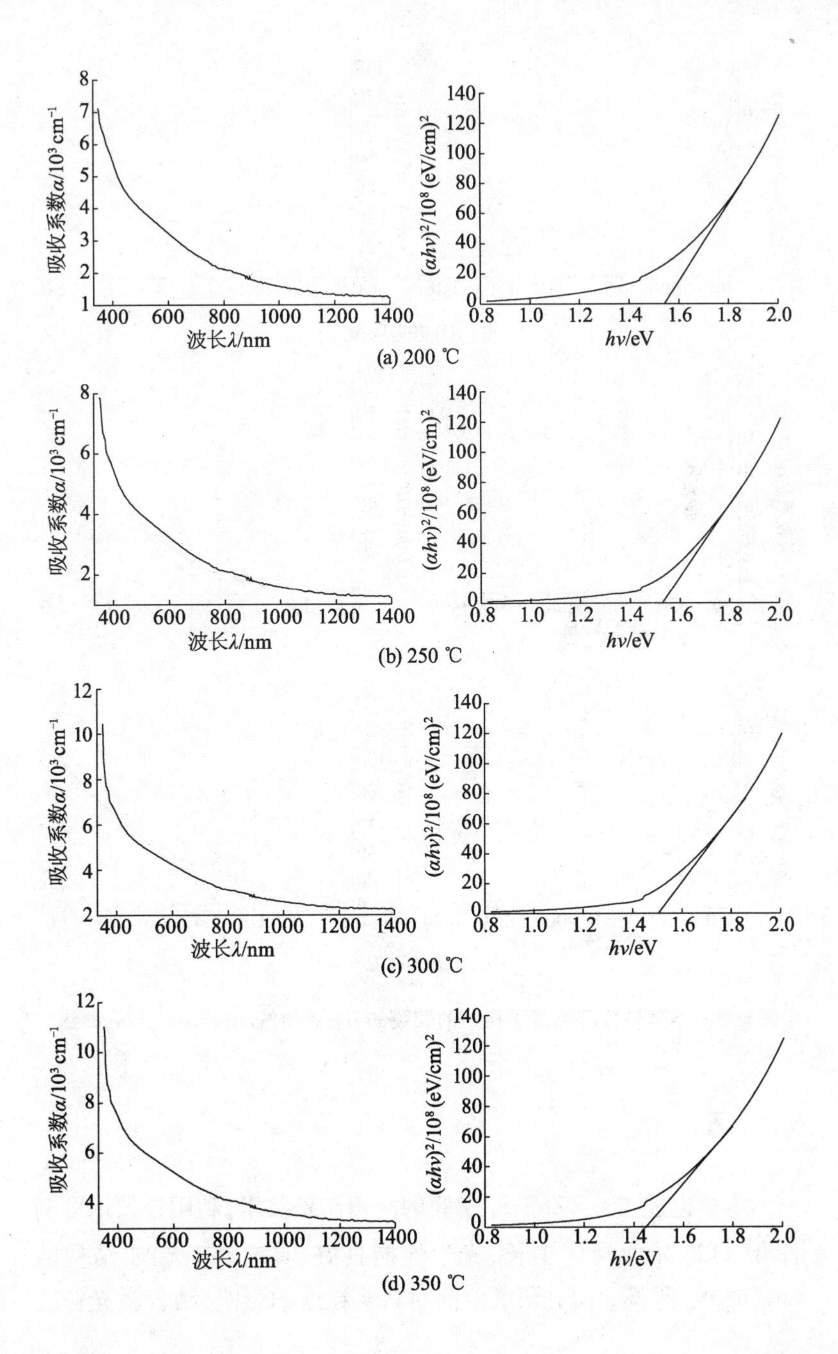
吸收系数α/10³ cm⁻¹
波长λ/nm
(αhν)²/10⁸ (eV/cm)²
hν/eV
(a) 200 ℃
(b) 250 ℃
(c) 300 ℃
(d) 350 ℃

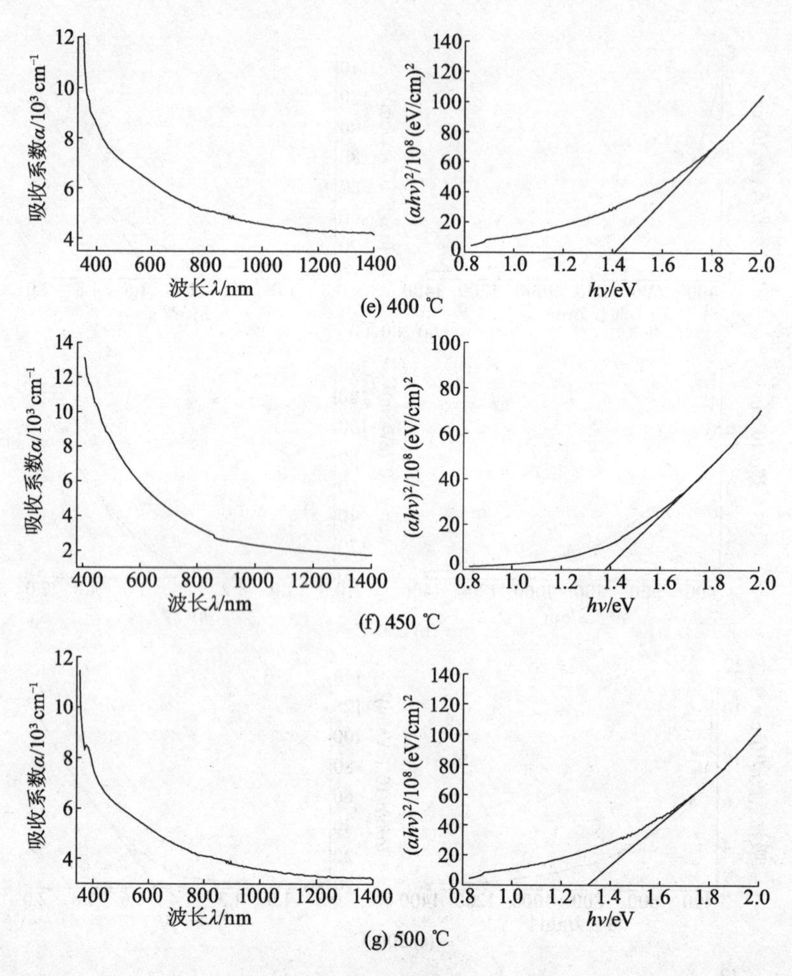

图 6.8　不同热处理温度下得到的薄膜的 $\alpha-\lambda$ 曲线和 $(\alpha h\nu)^2-h\nu$ 曲线

6.4　小　结

本章论述了 Cu_2ZnSnS_4 薄膜的涂覆制备技术，利用该技术可制备沿(112)晶面择优生长、光学性能良好、具有锌黄锡矿结构的 Cu_2ZnSnS_4 薄膜。研究研磨时间对料浆粒度的影响，结合激光粒度和 EDS 分析，选定 Cu_2ZnSnS_4 预制膜的研磨时间为 72 h，Cu_2ZnSnS_4 预制膜不仅成分符合要求，而且料浆中粉末的粒径基本都能达到 1 μm。

研究不同原料配比对薄膜性能的影响，在热处理温度为 450 ℃时，设计的原料配比不同的试样均能形成单一锌黄锡矿结构的 Cu_2ZnSnS_4 薄膜，而且光学性能良好，可以通过改变金属元素的组成含量来调控 Cu_2ZnSnS_4 薄膜带隙的大小，而不需要掺杂其他元素。研究不同热处理温度对薄膜性能的影响，发现热处理温度为 200 ℃时，就形成了 Cu_2ZnSnS_4 相，随热处理温度的升高，样品的结晶性逐渐变强，Cu_2ZnSnS_4 薄膜的吸收系数变大，禁带宽度变小。

第7章 铜基中间带薄膜材料的制备研究

7.1 中间带太阳能电池概述

研究和开发可拓宽光谱吸收范围的新型太阳能电池光吸收层材料是提高光电转化效率和降低成本的重要途径之一。由半导体太阳能电池的基本理论可知,光子吸收的能量大于太阳能电池光吸收层材料禁带宽度,这就导致太阳能电池只能利用某一波段的太阳光。半导体中间带材料可以拓宽太阳能电池的光谱响应范围,从而增加光吸收,最大限度地将光能转化为电能。

7.1.1 中间带的基本原理

中间带太阳能电池是指在一种半导体材料带隙中引入一层中间杂质带,存在三种激发过程:(1)电子从价带激发到导带,从而吸收较高能量的光子;(2)电子从价带激发到中间带的空带;(3)电子从中间带的满态激发到导带,这三种激发可以等效为三个不同带隙太阳能电池的并联。这三种激发过程的能隙范围内的光子都能被该材料吸收,从而更好地利用太阳光谱并减少能量的损失。据理论计算,中间带太阳能电池的转化效率最高能够达到63.2%,而单节太阳能电池的极限转化效率为40.7%。中间带材料在提高电池电流密度的同时,开路电压仍由主体材料的带隙决定,因而不会降低开路电压。

从概念上说,中间带制作在n型半导体和p型半导体中间,类似于p-i-n的结构。图7.1为中间带的能带结构示意图和光子的吸收过程,从图中可以看出,位于价带(V.B.)中的电子可以吸收光子跃迁到中间带(I. B.)中(photon1),位于中间带中的电子可以吸收光子跃迁到导带中(C. B.)(photon2),位于价带中的电子也可以吸收光子跃迁到导带中(photon3)。为了实现这三种跃迁方式,要求中间杂质带上的电子必须处于半填充状态,使得中间带中既存在空穴又存在电子,这样电子既能够从中间带跃迁到导带,又能从价带跃迁到中间带。

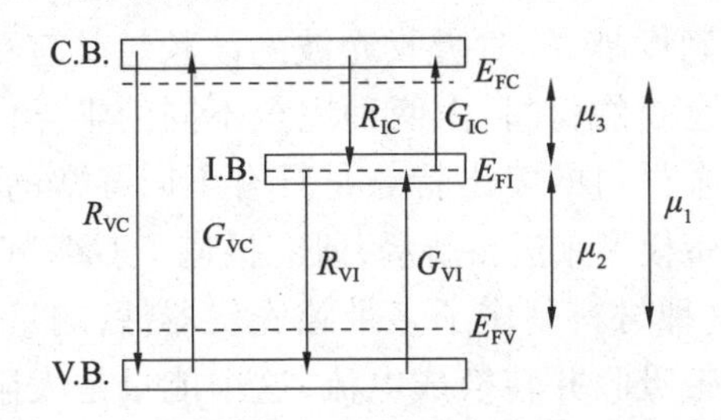

图7.1 中间带结构的能带图和光子吸收过程

低带隙太阳能电池能够产生高电流但电压低,而高带隙太阳能电池能够产生高电压但电流密度低。通过连续的光吸收,中间带太阳能电池可以保持低带隙太阳能电池的宽吸收光谱,同时保留高带隙太阳能电池的高电压。当入射光子被吸收时,电子的跃迁不仅可以发生在价带与导带之间,还可以从价带跃迁到中间带,以及从中间带跃迁到导带,进而可以产生电子-空穴对,获得光生电流,以吸收具有不同能量的光子。中间带太阳能电池的开路电压是由主半导体材料的禁带宽度 E_g 决定的,而不是由两个子带隙决定的。在增大短路电流的同时,保持开路电压(VOC)不变,极大地提高了太阳能电池的转化效率。

7.1.2 中间带的形成

一般产生中间带的方法大致可以归纳为三大类:纳米结构,比如量子点(quantum dots);高失配合金(highly mismatched alloys);深能级杂质材料的掺杂。M. Wolf 在 1960 年就首次提出了杂质光伏效应的概念,研究发现通过利用掺杂杂质能级,低于带隙能量的那些光子也可以得到很好的吸收,从而进一步提高太阳能电池的转化效率。2006 年,A. Marti 等人提出采用量子点技术制备中间能带太阳能电池，首次证明在两个亚带隙能量光子被吸收的同时，电池可以产生光电流。太阳能电池根据基体材料的不同，可吸收的光波长也不一样，一般的太阳能基体材料难以吸收红外线等长波。而量子点太阳能电池的基体材料即便相同，只要改变量子点的大小，可吸收光波的波长也会随之改变：尺寸小的量子点可以吸收高能量的太阳光，尺寸大的量子点可以吸收低能量的太阳光，同时量子点的生长精确度越高，对吸收光波的波长越具有可控性。高失配合金是一种全新的材料，由两种完全不同的半导体材料合金而成。高失配合金材料的突出特点是具有不同寻常的能带结构，可以用非交叉能带模型来进行解释，研究报道了 GaN_xAs_{1-x} 的能带特点，并且基于这种材料制作了多带隙光伏器件，测量结果表明，有三个光激活能带吸收并转换成电流，这个能量是太阳光伏中重要的部分，对于多带隙电池而言，高失配合金材料是可行的。

通过在半导体晶格中有选择地掺入杂质原子，原有能带中形成了一个电子态的集合区，即中间带。利用杂质掺杂形成中间杂质能带具有重要的意义，这主要是因为材料的掺杂相对更容易实现，而其他制备方法相对复杂，设备要求较高，从而增加了太阳能电池的制造成本，因此杂质带太阳能电池有广阔的研究价值和应用价值。

但是，在材料中引入中间带，相当于在材料中引入了复合中心。载流子在跃迁过程中会产生非辐射复合，因此载流子的复合寿命必须要大于载流子在各个能带上的弛豫时间，确保其在带中运动时不会被复合。随着掺杂浓度的增加，掺杂引入的电子之间有相互作用时，即它们外层电子的波函数有足够权重的交迭，电子在不同原子轨道上发生共有化运动，使非辐射复合得到抑制。为了抑制非辐射复合，掺入半导体中的杂质浓度要达到一定的数量，这个浓度是 Mott 的相变浓度，一般有效掺杂浓度不得低于 $10^{19}\ cm^{-3}$。同时杂质原子间距应足够地小，原子和原子之间的外层电子的波函数发生交迭，电子可以自由地移动。杂质原子也要能有效电离，形成杂质能级。此外，中间杂质带本身不能对电流有贡献，只能扮演一个中转站的角色。

如今，在高效、低成本的太阳能电池材料中，黄铜矿型半导体是最具发展前景的典型代表，它是形成中间带的较好的母体材料。适用于中间带材料的宽带隙黄铜矿基体材料包括 $CuAlSe_2$、$CuAlS_2$、$CuGaS_2$、$CuInS_2$ 等，这些半导体材料中，$CuGaS_2$ 是最佳的候选材料，因为其禁带宽度值为 2.4 ~ 2.5 eV，这种带隙结构足以引入中间带。通过理论计算，中间带的基体材料，最佳禁带宽度值为 2.41 eV，而中间带是在 0.92 eV 的位置，并且转化效率为 46.77%。因此，本章选用的基体材料为 $CuCaS_2$。

掺杂元素的选择一般侧重于 C、Si 主族元素，Ti、Cr 过渡金属元素及镧系金属元素等。选择将 Ti 元素掺入黄铜矿结构的半导体材料中从而引入中间带，理论研究电子结构和太阳能电池参数发现，用 Ti 替代 25% 的 Ga 原子，对这种结构的 $CuGaS_2$ 结构进行态密度计算，结果显示在能带靠近中间的位置形成了中间带。本章选用的掺杂元素为 Ti，制备方法选择粉末涂覆法，粉末涂覆法的优势在于前驱体浆料可以按照计算的化学计量比任意混合，而掺杂的含量也可以根据设计的量进行任意配置。同时，这种制备方法工艺简单，不需要在真空中进行操作，可重复率高。

本章主要论述 Ti 掺杂 $CuCaS_2$ 薄膜中间带材料的涂覆制备技术及特性，通过在 $CuCaS_2$ 薄膜中掺杂 Ti 元素形成铜基中间材料。所采用的涂覆技术与前述涂覆工艺流程基本相同，薄膜测试技术也与前述基本相同，这里不再赘述。

7.2 涂覆法制备中间带基体材料 $CuGaS_2$ 薄膜及其表征

7.2.1 $CuGaS_2$ 薄膜的物相结构分析

$CuGaS_2$ 为黄铜矿结构的三元化合物半导体材料，属于 $I42d$ 空间点群，正方晶系，可以看成由两个面心立方套构而成。图 7.2 给出了不同热处理温度下 $CuGaS_2$ 薄膜的 XRD 图谱。

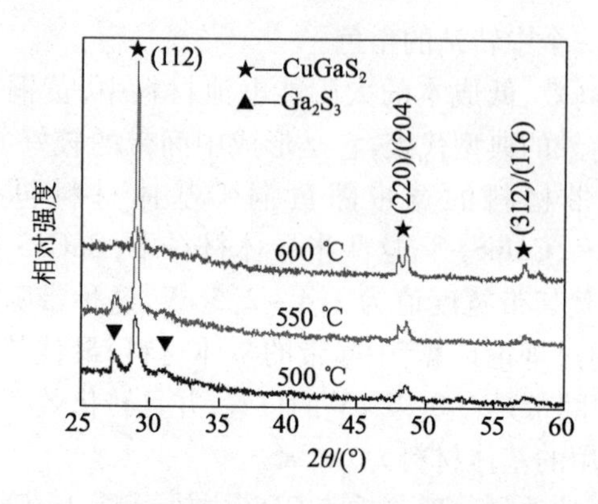

图 7.2　不同热处理温度下 $CuGaS_2$ 薄膜的 XRD 图谱

2θ 角扫描范围为 25°~60°，扫描步宽为 0.026°。从图谱中可知，当退火温度为 500 ℃时，薄膜物质中已经出现了 $CuGaS_2$ 相，但是其对应的 $CuGaS_2$ 的衍射峰并不强，同时还含有 Ga_2S_3 的杂相，结晶度很差。当退火温度为 550 ℃时，对应的 $CuGaS_2$ 的(112)主峰明显增强，杂相峰开始减弱。当温度升高到 600 ℃时，杂相峰消失，黄铜矿结构的(112)峰变得异常尖锐狭窄，其他的峰也对应 $CuGaS_2$ 黄铜矿结构的(220)/(204)、(312)和(116)晶面方向，这说明随着温度的升高，$CuGaS_2$ 的衍射峰逐渐增强，半峰宽变小，薄膜的结晶性越来越好。当温度继续上升至 600 ℃以上时，衍射峰将继续增强，结晶性能将进一步得到改善，但由于使用的衬底是以 SiO_2 为主要成分的玻璃片，当温度高于 600 ℃时，衬底将发生软化，同时衬底中的杂质元素(如 Si 元素)将进入薄膜，对薄膜的性能产生影响。

图 7.3 为薄膜在退火温度为 600 ℃时的 XRD 图谱，图中同时列出了 $CuGaS_2$ 标准卡图谱(PDF#65－2730)。从图中可以看到，在 600 ℃时得到的 $CuGaS_2$ 薄膜和 $CuCaS_2$ 标准卡图谱基本完全匹配。在 600 ℃时，明显观察到(200)衍射峰，这一衍射峰为黄铜矿结构的(200)晶面，进一步说明退火温度越高，结晶性越好。

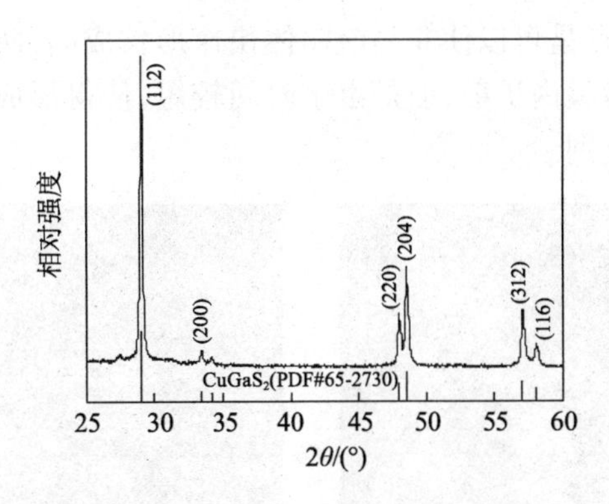

图7.3　热处理温度为600 ℃时 $CuCaS_2$ 薄膜的 XRD 图谱

根据 XRD 图谱,不同热处理温度制得的薄膜的平均晶粒尺寸可以通过谢乐公式(式2.1)计算得到。

表7.1列出了(112)峰衍射角和平均晶粒尺寸随温度的变化关系。从表中可以看出,随着温度的升高,(112)主峰的位置从500 ℃的28.925°右移至550 ℃和600 ℃的29.035°,后者和标准卡中主峰位置所在的角度吻合。晶粒尺寸也随温度的升高而增大。这与上面 XRD 的分析结果一致,进一步说明提高退火温度可以有效地改善薄膜的结晶状况。

表7.1　(112)峰衍射角和平均晶粒尺寸随温度的变化关系

热处理温度/℃	500	550	600
(112)峰衍射角 2θ/(°)	28.925	29.035	29.035
平均晶粒尺寸/nm	200	233	392

7.2.2　$CuGaS_2$ 薄膜的表面形貌及成分分析

图7.4a、b、c 分别为 $CuGaS_2$ 薄膜在500、550、600 ℃热处理后的表面形貌。从图中可以看出,随着温度的升高,薄膜的结晶性有所增强。500 ℃时多为团聚物,没有规则的颗粒产生,同时有大量孔洞。当温度升高到600 ℃时,薄膜较致密且表面略显粗糙。进一步观察图7.4c 发现,薄膜晶粒由大小不一的颗粒状结构构成。本试验采取的热处理方法是在高温下退火20 min。在高温下进行

退火结晶，优点是可以使非晶前驱体快速形核成晶，防止衬底中的杂质元素在薄膜内扩散，但是由于时间较短，使得形成的晶粒形貌和大小有所差别。

(a) 500 ℃　　(b) 550 ℃

(c) 600 ℃

图 7.4　不同退火温度下 $CuGaS_2$ 薄膜的表面形貌

$CuGaS_2$ 薄膜中各元素含量采用 EDS 方法测试，其原子百分比列于表 7.2 中。

表 7.2　不同退火温度下制备的 $CuGaS_2$ 薄膜的化学成分

退火温度/℃	原子百分含量/at. %			原子比例
	Cu	Ga	S	Cu/Ga
500	24.15	28.25	47.60	0.85 : 1
550	25.73	32.47	41.80	0.79 : 1
600	24.69	26.94	48.37	0.92 : 1

从表 7.2 中可以看出，在 600 ℃的退火温度下得到的各元素的

原子比更加接近于 $CuGaS_2$ 的理论值25:25:50。

综合其晶粒结构和成分分析，可确定制备 $CuGaS_2$ 薄膜的最佳退火温度为600 ℃，以下对于薄膜其他性能的分析及 Ti 掺杂 $CuGaS_2$ 薄膜的分析均是采用最佳工艺参数获得的薄膜所表征的。

7.2.3 $CuGaS_2$ 薄膜的光电特性分析

霍尔效应是1879年由物理学家霍尔发现的，它定义了磁场和感应电压之间的关系。材料中的载流子在外加磁场中运动时，因受到洛仑兹力的作用而在材料两侧产生电荷积累，从而在两侧建立起一个电势差，这个电势差又叫霍尔电压，这一现象就是霍尔效应。通过霍尔效应测试可以得到半导体材料的载流子浓度、迁移率、电阻率、霍尔系数等重要参数，而这些参数对了解半导体材料的电学性能非常重要。

$CuGaS_2$ 薄膜的电学性能对于太阳能电池器件的效率也有很大的影响，利用霍尔效应测试仪对制备的 $CuGaS_2$ 薄膜样品在室温下的导电类型、载流子浓度、迁移率、电导率、电阻率及霍尔系数进行测量，结果见表7.3。

表7.3 $CuGaS_2$ 薄膜样品的电学参数

样品	导电类型	载流子浓度/(cm^{-3})	迁移率/($cm^2 \cdot V^{-1} \cdot s^{-1}$)	电导率/(S/cm)	电阻率/($\Omega \cdot cm$)	霍尔系数
$CuGaS_2$	p	1.538×10^{12}	7.811×10^1	1.925×10^{-5}	5.195×10^4	4.058×10^6

从表7.3中可以看到，$CuGaS_2$ 薄膜的导电类型为p型，满足其作为吸收层材料的导电类型，载流子浓度为 1.538×10^{12} cm^{-3}，电阻率为 5.195×10^4 $\Omega \cdot cm$，这些值均满足作为半导体材料的取值范围。$CuGaS_2$ 薄膜作为太阳能电池的吸收层，其对于光的吸收是人们非常关注的问题，较高的吸收系数可以使得更多的太阳光被吸收，从而提高电池器件的光电转化效率。$CuGaS_2$ 作为直接带隙半导体材料，其禁带宽度为2.4~2.5 eV，对应的光吸收限为496~516 nm。

图7.5为 $CuCaS_2$ 薄膜的紫外－可见－近红外光谱吸收图谱，内置图为拟合所得的禁带宽度图谱。从图中可以看出其禁带宽度

为2.49 eV,处于$CuGaS_2$材料的理论值中,对应的吸收限为498 nm。因此,提高498 nm之后的光吸收效率对于提高太阳能电池的转化效率显得尤为重要。

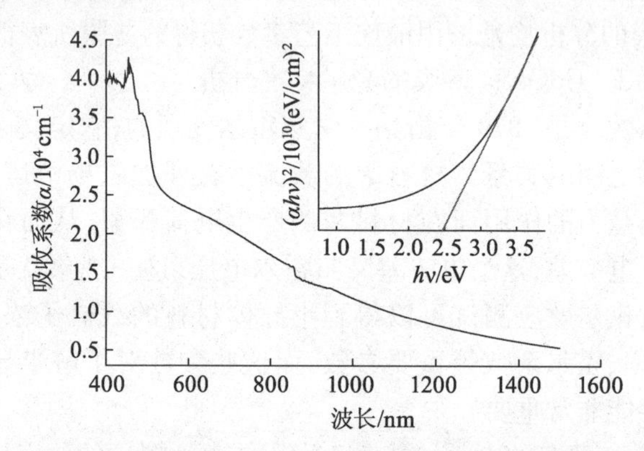

图7.5　$CuGaS_2$薄膜的紫外－可见－近红外光谱吸收图谱及光学带隙图谱

7.3　$CuGa_{1-x}Ti_xS_2$薄膜的制备及其性能研究

采用前述的涂覆工艺:混合球磨→旋转涂覆→高温热处理制得薄膜,不同的是,在球磨阶段加入TiS_2,即混合球磨Cu_2S、Ga_2S_3、TiS_2三种原材料,控制TiS_2的加入量来调控Ti元素在薄膜中的浓度。

按照设计计算的配比称量Cu_2S、Ga_2S_3、TiS_2三种材料。具体的计量比参见以下反应方程式:

$$Cu_2S+(1-x)Ga_2S_3+2xTiS_2 \xlongequal{} 2CuGa_{1-x}Ti_xS_2+xS\uparrow$$

x的值分别取0.008、0.02、0.04、0.06、0.08。

7.3.1　$CuGa_{1-x}Ti_xS_2$薄膜的物相结构分析

图7.6为不同Ti浓度掺杂$CuGaS_2$薄膜的XRD图谱。从图中可以看到,未掺杂Ti的$CuGaS_2$薄膜($x=0$)为黄铜矿结构。三强峰分别对应(112)、(220)/(204)、(312)/(116)晶面。XRD择优取向沿(112)晶面。掺杂不同浓度的Ti元素后,并未改变$CuGaS_2$薄膜的晶体结构,薄膜仍为沿(112)晶面择优生长的黄铜矿结构。但是随着Ti

掺杂浓度的增加,原本清晰分离的(220)、(204)衍射峰有合峰的趋势,三强峰也逐渐减弱。当 $x \geqslant 0.06$ 时,图谱中出现了杂峰,经分析可知这是 Ti 掺杂对 $CuGaS_2$ 薄膜晶体结构所造成的影响。

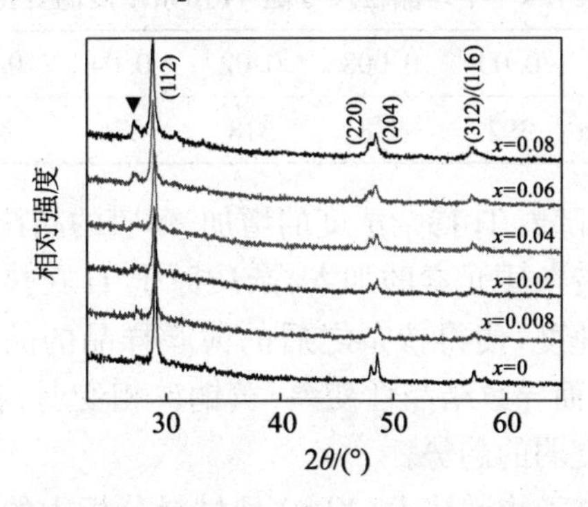

图 7.6　不同 Ti 掺杂浓度的 $CuGa_{1-x}Ti_xS_2$ 薄膜的 XRD 图谱

对图 7.6 中(112)主峰的位置进行放大处理,如图 7.7 所示,可以看出,随着 Ti 掺杂浓度的增加,(112)主峰的位置逐渐向低角度偏移。元素掺杂会造成 X 射线衍射峰发生角度偏移,这是因为掺杂导致原体系构型晶格常数发生改变。本试验中 Ti 掺杂使得主峰位置相对于标准卡向低角度偏移,因为钛离子的半径(Ti^{3+},0.076 nm)大于镓离子的半径(Ga^{3+},0.062 nm),薄膜中 Ti 原子代替了一部分 Ga 原子的位置,导致晶格常数变大,表现在 XRD 图谱中即峰的位置向低角度偏移。

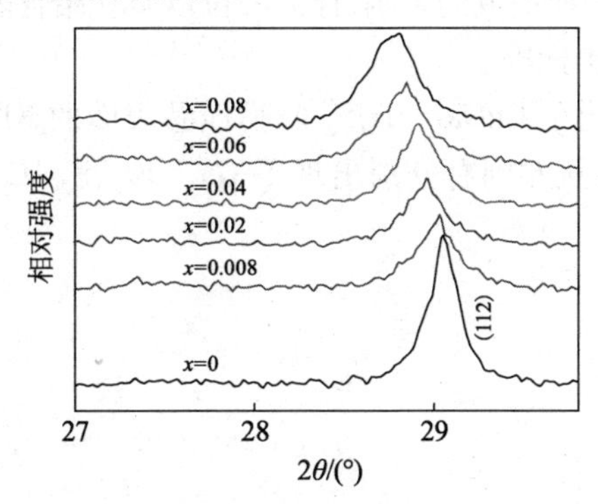

图 7.7　不同 Ti 掺杂浓度的 $CuGa_{1-x}Ti_xS_2$ 薄膜(112)主峰的 XRD 图谱

根据谢乐公式计算出不同 Ti 掺杂浓度的薄膜样品的平均晶粒尺寸,见表 7.4。

表 7.4　平均晶粒尺寸随 Ti 掺杂浓度的变化

x	0.00	0.008	0.02	0.04	0.06	0.08
平均晶粒尺寸/nm	392	338	318	276	253	220

结果表明,随着 Ti 掺杂浓度的增加,薄膜的晶粒尺寸变小。这可能是因为随着杂质元素的加入,杂质原子 Ti 在热处理阶段减慢了薄膜的结晶速度,使得掺杂之后的薄膜样品的晶粒尺寸比未掺杂时的要小,从而导致结晶性变差,黄铜矿相变弱,表现在 XRD 上即为三强峰有变弱的趋势。

X 射线光电子能谱技术(XPS)是材料分析中的一种较为先进的分析手段,利用 X 射线照射样品,使得样品中原子受到激发发射,从而测量这些原子的能量分布。它不但能为化学研究提供分子结构和原子价态方面的信息,还能为材料研究提供各种化合物的元素组成、分子结构、化学键方面的信息。它在分析电子材料时,不但可提供总体方面的化学信息,还能给出表面、微小区域和深度分布方面的信息。

通过 XPS 所具有的高表面灵敏度,根据光电子吸收峰位置的不同,可判断出薄膜内所含元素的存在形式。测试中为了消除仪器本身及其他因素所造成的影响,样品峰位以 C_{1s}(结合能为 291.1 eV)特征峰作为校正标准。

图 7.8 给出了 $CuGa_{1-x}Ti_xS_2$ 薄膜样品表面的 XPS 全谱图。从图中可以看到,从左到右分别出现了 Ga_{3d}、S_{2p}、S_{2s}、C_{1s}、Ti_{2s}、$Cu_{2p3/2}$、$Cu_{2p1/2}$ 特征峰。

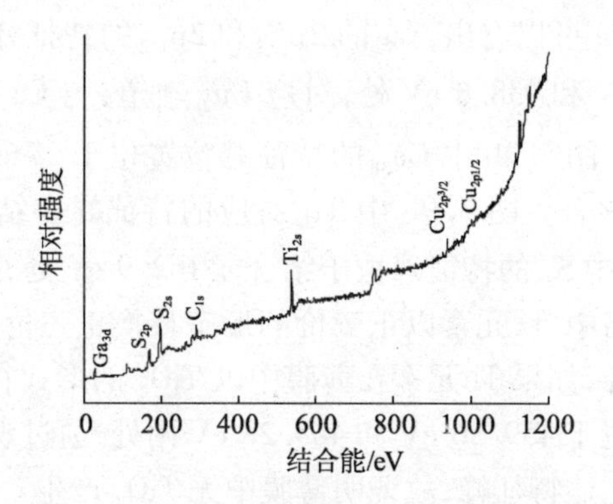

图 7.8　$CuGa_{1-x}Ti_xS_2$ 薄膜样品表面的 XPS 全谱图

为了便于观察，绘制出如图 7.9 所示的 Cu、Ga、Ti、S 光子能谱区域的能谱。

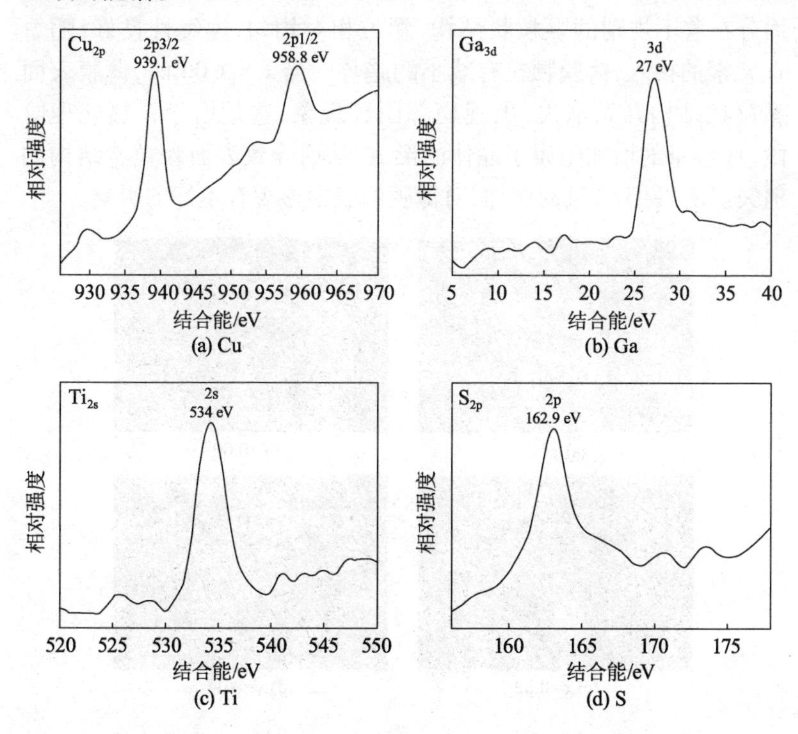

图 7.9　Cu、Ga、Ti、S 光子能谱区域的 XPS 能谱

从图 7.9a 可以看出，Cu 的 $2p_{3/2}$ 和 $2p_{1/2}$ 的特征峰分别位于结合能 939.1 eV 和 958.8 eV 处，对应 Cu_{2p} 轨道，与 Cu^+ 的结合能位置基本吻合。图 7.9b 中 Ga_{3d} 的特征峰位置位于 27 eV，与 Ga^{3+} 特征峰的位置吻合。图 7.9c 中 Ti_{2s} 对应的特征峰在结合能 534 eV 处。图 7.9d 中 S_{2p} 的特征峰位于结合能 162.9 eV 处，对应 S^{2-} 所在轨道。在晶格中，钛元素以正三价的形态替换正三价的镓，形成四元晶格。另外，如果 Ti 元素在薄膜中以 TiO_2 的形式存在，Ti_{2p} 特征峰的结合能位于 459.36 eV 和 465.28 eV 两处，通过观察 XPS 全谱图并未发现上述特征峰，故证明薄膜中无 TiO_2 产生。

7.3.2 $CuGa_{1-x}Ti_xS_2$ 薄膜的表面形貌及成分分析

利用扫描电子显微镜得到不同 Ti 掺杂浓度的 $CuGaS_2$ 薄膜的表面形貌，如图 7.10 所示。从图中可以看出，未掺杂 Ti 时薄膜表面分布着不规则的颗粒状结构，颗粒相对均匀，连续性良好，随着 Ti 元素的掺入，薄膜颗粒有减小的趋势。当 $x=0.06$ 时，薄膜表面颗粒状结构开始消失，出现局部团簇现象，这是由于在热处理阶段，Ti 含量的增加阻碍了晶体的形成，从而导致表面颗粒状结构的消失。所以 Ti 含量的增加，对薄膜的表面形貌有不好的影响。

(a) x=0　(b) x=0.008

(c) x=0.02　(d) x=0.04

(e) x=0.06

(f) x=0.08

图7.10　$CuGa_{1-x}Ti_xS_2$ 薄膜的表面形貌

元素组分也是影响薄膜性能的重要因素。表7.5为不同Ti掺杂浓度时 $CuGa_{1-x}Ti_xS_2$ 薄膜的成分分析。可以看出,除了未掺杂的样品,Ti元素均被EDAX能谱检测到,说明Ti已经掺入薄膜内。

表7.5　不同Ti掺杂浓度得到薄膜的化学成分

不同Ti掺杂的薄膜	原子百分含量/at. %			
	Cu	Ga	Ti	S
$Cu_{0.98}Ga_{1.16}S_2$	24.69	26.96	0	48.37
$Cu_{1.32}Ga_{1.00}Ti_{0.007}S_2$	30.59	23.14	0.16	46.11
$Cu_{0.96}Ga_{0.77}Ti_{0.02}S_2$	25.67	20.45	0.66	53.22
$Cu_{1.23}Ga_{1.09}Ti_{0.05}S_2$	28.14	24.89	1.24	45.74
$Cu_{1.19}Ga_{1.03}Ti_{0.07}S_2$	27.79	23.95	1.64	46.62
$Cu_{1.37}Ga_{1.00}Ti_{0.10}S_2$	30.54	22.41	2.32	44.73

从表7.5中的结果可以看出,掺杂后五组薄膜样品为 $Cu_{1.32}Ga_{1.00}Ti_{0.007}S_2$,$Cu_{0.96}Ga_{0.77}Ti_{0.02}S_2$,$Cu_{1.23}Ga_{1.09}Ti_{0.05}S_2$,$Cu_{1.19}Ga_{1.03}Ti_{0.07}S_2$,$Cu_{1.37}Ga_{1.00}Ti_{0.10}S_2$,和设计 $CuGa_{1-x}Ti_xS_2$(x = 0.008、0.02、0.04、0.06、0.08)差别不大。但是掺杂后,薄膜明显富铜、贫镓,一方面,因为Ti在薄膜中取代的是Ga原子,少的那一部分Ga由Ti代替;另一方面,可能是由于Ti的加入造成Ga元素在球磨阶段和热处理阶段流失。

7.3.3　$CuGa_{1-x}Ti_xS_2$ 薄膜的光电特性分析

表7.6列出了 $CuGa_{1-x}Ti_xS_2$ 薄膜样品的一些电学参数,为了便于分析,绘制出载流子浓度和电阻率随掺杂浓度的变化趋势图,见

图 7. 11 和图 7. 12。

表 7. 6　$CuGa_{1-x}Ti_xS_2$ 薄膜样品的电学参数

$CuGa_{1-x}Ti_xS_2$	导电类型	载流子浓度/cm^{-3}	迁移率/$(cm^2 \cdot V^{-1} \cdot s^{-1})$	电阻率/$(\Omega \cdot cm)$	霍尔系数
$x=0.00$	p	1.538×10^{12}	7.811×10^{1}	5.195×10^{4}	4.058×10^{6}
$x=0.008$	p	3.008×10^{12}	3.563×10^{2}	5.824×10^{3}	7.887×10^{7}
$x=0.02$	p	3.750×10^{12}	4.041×10^{1}	4.119×10^{4}	1.780×10^{8}
$x=0.04$	p	5.410×10^{12}	2.215×10^{1}	5.209×10^{4}	8.836×10^{7}
$x=0.06$	p	1.134×10^{13}	2.718×10^{1}	2.025×10^{4}	6.452×10^{7}
$x=0.08$	p	2.338×10^{13}	1.284×10^{1}	2.080×10^{3}	2.560×10^{7}

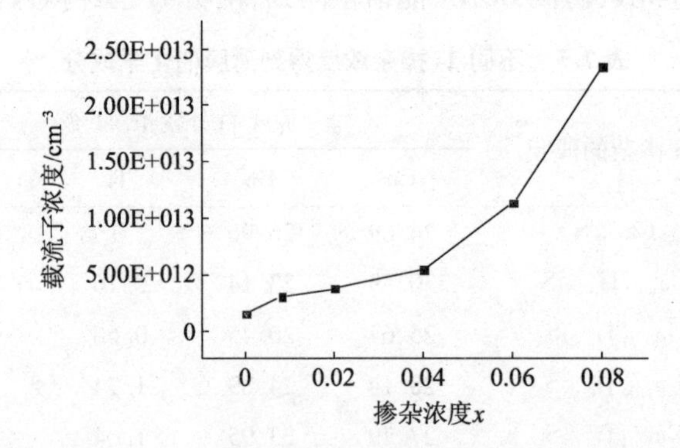

图 7. 11　载流子浓度随掺杂浓度的变化趋势图

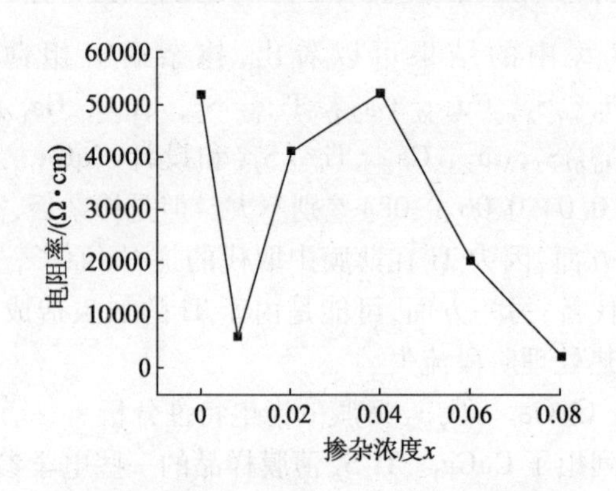

图 7. 12　电阻率随掺杂浓度的变化趋势图

从表7.6、图7.11和图7.12可以看出，所有的薄膜样品的导电类型均为p型，说明杂质元素的掺入并没有改变$CuGaS_2$薄膜的导电类型。随着Ti掺杂浓度的增加，载流子浓度在显著增加。载流子浓度从未掺杂时的$1.538\times10^{12}\ cm^{-3}$到$x=0.08$时的$2.338\times10^{13}\ cm^{-3}$，提升了一个数量级。不考虑室温下本征激发的影响，载流子浓度的增加主要是由杂质电离提供的，而中间带的形成同样可以增加薄膜的载流子浓度，这也证明了薄膜中出现中间带的可能性。载流子迁移率的变化，并没有出现明显的规律。Ti的掺入显著地减小了薄膜的电阻率，但随着掺入浓度的增大，电阻率重新开始增大，当$x>0.04$时，电阻率再次开始变小。经过分析，电阻率的大小和薄膜的表面形貌有着很大的关系。通过前面对掺杂过后表面形貌的分析可知，随着Ti掺入浓度的增加，当达到$x=0.06$时，表面形貌开始变差，这和电阻率的分析基本吻合。

目前，为了证明中间带的存在，运用得最多的表征方法是紫外-可见-近红外吸收光谱，图7.13为$CuGa_{1-x}Ti_xS_2$薄膜样品的紫外-可见-近红外光谱吸收图，波长范围为400~1500 nm。从图中可以看出，当$x=0.008$时，与未掺杂的薄膜吸收光谱差别不大。随着掺杂浓度的增加，相比于未掺杂薄膜，样品在整个波谱范围内都有很好的吸收，结合中间带的能带理论，正是由于中间能带的加入，拓展了薄膜对于光子能量的吸收范围，对于长波长范围内的光子也具有很好的吸收效果。试验结果显示，当$x\geqslant0.02$时，$CuGa_{1-x}Ti_xS_2$薄膜出现中间带特性。但是从吸收光谱中并没有发现明显的吸收带边，故无法确定中间带的准确位置，这可能是由测试仪器的缺陷导致的。为了确定中间带的位置，还需要对薄膜的PL谱、价带谱、光调制反射谱等进行进一步分析研究。

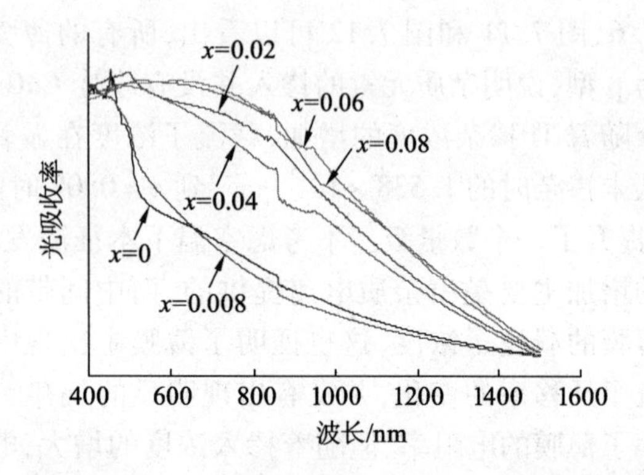

图 7.13　$CuGa_{1-x}Ti_xS_2$ 薄膜的紫外－可见－近红外光谱吸收图谱

7.4　小　结

采用混合球磨→旋转涂覆→高温热处理工艺制得 $CuGaS_2$ 薄膜及 Ti 掺杂的 $CuCa_{1-x}Ti_xS_2$ 薄膜，利用 XRD、XPS、SEM、EDS、霍尔效应、紫外可见吸收光谱等方法，研究其制备工艺及掺杂浓度对于薄膜晶体结构、成分、表面形貌、电学性能及光学性能的影响。

制备的 $CuGaS_2$ 薄膜为正方晶系黄铜矿结构，沿(112)晶面择优生长。通过对热处理温度分别为 500、550、600 ℃的薄膜样品进行晶体结构、表面形貌及成分的分析可知，在 600 ℃热处理 20 min 得到的 $CuGaS_2$ 薄膜结晶性最好，薄膜表面相对平整连续，各元素的原子比和设计的成分相吻合。

制得的 $CuGaS_2$ 薄膜载流子浓度为 $1.538\times10^{12}\ cm^{-3}$，电阻率为 $5.195\times10^4\ \Omega\cdot cm$，这些值均满足作为半导体材料的取值范围。同时，经过拟合得出其光学带隙值为 2.49 eV，和 $CuGaS_2$ 材料的理论值一致。

随着 Ti 元素的掺入，$CuGa_{1-x}Ti_xS_2$ 薄膜仍然为黄铜矿结构。随着 Ti 浓度的增加，(112)主峰有向低角度偏移的趋势，三强峰强度减弱，(112)主峰旁边开始出现杂峰，同时平均晶粒尺寸随着 Ti 浓度的增加而减小。XPS 分析显示，Ti 元素在薄膜中以正三价的形式存在，证明 Ti 原子取代 Ga 原子形成了四元化合物，不存在 Ti_{2p} 特征峰说明薄膜中没有形成 TiO_2。从表面形貌图中可以看出，Ti 浓度的增加对 $CuGa_{1-x}Ti_xS_2$ 薄膜的表面形貌起到了一定的负面作用，故在制备中间带时要合理选择掺杂浓度以确保表面形貌良好。

通过对 $CuGa_{1-x}Ti_xS_2$ 薄膜电学性能的研究，可以得到，随着 Ti 浓度的增加，载流子浓度呈现持续增加的趋势，从 $x=0$ 到 $x=0.08$，载流子浓度增加了一个数量级，这是中间带形成的重要依据。Ti 的掺入显著地减小了薄膜的电阻率，但随着掺入浓度的增加，电阻率重新开始增大，当 $x>0.04$ 时，电阻率开始减小。从紫外-可见-近红外吸收光谱图中可以看到，Ti 的掺入明显拓宽了薄膜材料对于光子的吸收范围，这是中间带材料的最重要的特点。当 $x \geqslant 0.02$，$CuGa_{1-x}Ti_xS_2$ 薄膜出现中间带特性。

参考文献

[1] Choi I, Lee D. Preparation of $CuIn_{1-x}Ga_xSe_2$ films by metalorganic chemical vapor deposition using three precursors[J]. Thin Solid Films, 2007,515 (11):4778 -4782.

[2] Razykov T, Ferekides C, Morel D, et al. Solar photovoltaic electricity:Current status and future prospects[J]. Solar Energy, 2011,85 (8):1580 -1608.

[3] Jackson P, Hariskos D, Wuerz R, et al. Properties of $Cu(In,Ga)Se_2$ solar cells with new record efficiencies up to 21.7% [J]. Physica Status Solidi—Rapid Research Letters, 2015,9 (1):28 -31.

[4] Lundberg O, Lu J, Rockett A, et al. Diffusion of indium and gallium in $Cu(In,Ga)Se_2$ thin film solar cells[J]. Journal of Physics and Chemistry of Solids, 2003,64 (9—10):1499 -1504.

[5] Mandati S, Sarada B V, Dey S R, et al. Photoelectrochemistry of $Cu(In,Ga)Se_2$ thin-films fabricated by sequential pulsed electrodeposition[J]. Journal of Power Sources, 2015,273:149 -157.

[6] 戴松元. 薄膜太阳电池关键科学和技术[M]. 上海: 上海科学技术出版社, 2013.

[7] 李长健,乔在祥,张力. $Cu(In,Ga)Se_2$ 薄膜太阳电池研究进展(Ⅰ)[J]. 电源技术, 2009,33:77 -80.

[8] Wagner S, Shay J L, Migliorato P, et al. $CuInSe_2/CdS$ hetero-

junction photovoltaic detectors[J]. Applied Physics Letters, 1974,25 (8):434 -435.

[9] 徐知之,夏文建,黄文良. 铜铟硒(CIS)薄膜太阳电池研究进展[J]. 真空, 2006,43(2):13 -17.

[10] Repins I, Contreras M A, Egaas B, et al. 19.9%-efficient ZnO/CdS/CuInGaSe_2 solar cell with 81.2% fill factor[J]. Progress in Photovoltaics: Research and Applications, 2008,16 (3):235 -239.

[11] Jackson P, Hariskos D, Lotter E, et al. New world record efficiency for Cu(In,Ga)Se_2 thin-film solar cells beyond 20%[J]. Progress in Photovoltaics: Research and Applications, 2011,19 (7):894 -897.

[12] Jackson P, Hariskos D, Wuerz R, et al. Compositional investigation of potassium doped Cu(In,Ga)Se_2 solar cells with efficiencies up to 20.8%[J]. Physica Status Solidi—Rapid Research Letters, 2014,8 (3):219 -222.

[13] Schultz O, Glunz S W, Willeke G P. Multicrystalline silicon solar cells exceeding 20% efficiency[J]. Progress in Photovoltaics: Research and Applications, 2004,12 (7):553 -558.

[14] Abrahams S C, Berbstein J L. Piezoelectric nonlinear optic $CuGaS_2$ and $CuInS_2$ crystal structure: Sublattice distortion in $A^{I}B^{III}C_2^{VI}$ and $A^{II}B^{IV}C_2^{V}$ type chalcopyrites[J]. The Journal of Chemical Physics, 1973,59 (10):5415 -5422.

[15] Vidhya B, Velumani S, Arenas-Alatorre J A, et al. Structural studies of mechano-chemically synthesized $CuIn_{1-x}Ga_xSe_2$ nanoparticles[J]. Materials Science and Engineering: B, 2010,174 (1 -3):216 -221.

[16] 赵争鸣,孙晓瑛,刘建政,等. 太阳能光伏发电及其应用[M]. 北京:科学出版社,2005.

[17] 庄大明,张弓. CIGS 薄膜太阳能电池研究现状及发展前景

[J]. 新材料产业,2005(4):43 - 48.
[18] 庄大明,张弓. 铜铟镓硒薄膜太阳能电池的发展现状以及应用前景[J]. 真空,2004,41(2):1 - 7.
[19] 王永东,崔容强,徐秀琴. 空间太阳电池发展现状及展望[J]. 电源技术,2001. 25:182 - 185.
[20] 王文静. 多晶硅薄膜太阳电池[J]. 太阳能,1998(3):9 - 11.
[21] 周鑫发. 薄膜太阳电池的发展值得重视[J]. 电源技术,1999(1): 43 - 45.
[22] 雷永泉. 新能源材料[M]. 天津:天津大学出版社,2000.
[23] 萨尔布,吕肯. 纳米二氧化钛太阳能电池[J]. 曹雯译. 新余高专学报, 2005,10(2):5 - 8.
[24] 曾广根, 冯良桓, 黎兵, 等. 玻璃衬底上 CdTe 薄膜的制备及其性质[J]. 半导体光电, 2005, 26(3): 226 - 228.
[25] Verbitsky A, Vertsimakha Y, Studzinsky S, et al. Effect of composite layers based on dyes with different types of conductivity on photovoltaic properties of CIS films[J]. Molecular Crystals and Liquid Crystals, 2007, 467(1): 123 - 133.
[26] 李文漪,蔡徇,周之斌, 等. 蒸镀 Cu - In 合金硒化制 $CuInSe_2$ 薄膜[J]. 上海交通大学学报, 2002, 36(5): 616 - 619.
[27] Kushiya, Katsumi. Future prospects of CIS-based thin-film PV modules[J]. Nihon Enerugi Gakkaishi/Journal of the Japan Institute of Energy, 2008, 3(87): 169 - 174.
[28] O'Regan B, Gratzel M. A low-cost, high-efficiency solar cell based on dye-sensitized colloidal TiO_2 film[J]. Nature, 1991, 353(4): 737 - 739.
[29] 黄昀昉,吴季怀,魏月琳, 等. 纳米多孔 TiO_2 薄膜的合成及其光电化学性能[J]. 矿物学报, 2005, 25(2): 118 - 122.
[30] 张晓科,王可,解晶莹. CIGS 太阳电池的低成本制备工艺[J]. 电源技术,2005,12(12):849 - 852.
[31] 李文漪, 蔡珣, 陈秋龙. CIS 光伏材料的发展[J]. 机械工程

材料,2003,27(6):1 - 7.

[32] 王兴孔. $CuInSe_2$ 薄膜太阳能电池[J]. 青岛大学学报,2000,13(3):85 - 88.

[33] 梁宗存,沈辉. 太阳能电池及材料研究[J]. 材料导报,2000,14(8):38 - 40.

[34] 毛爱华. 太阳能电池研究和发展现状[J]. 包头钢铁学院学报,2002,21(1):94 - 98.

[35] 汤会香,严密,张辉,等. 太阳能电池材料 $CuInS_2$ 的研究现状[J]. 材料导报,2002,16(8):30 - 32.

[36] Henderson D O, Mu R, Ueda A, et al. Optical and structural characterization of copper indium disulfide thin films[J]. Materials and Design,2001,22(7): 585 - 589.

[37] 汤会香,严密,张辉,等. 磁控溅射金属预置层后硒化法制备 $CuInSe_2$ 薄膜工艺条件的优化[J]. 半导体学报,2004,25(6):741 - 744.

[38] Bari R H, Patil L A, Sonawane P S, et al. Studies on chemically deposited $CuInSe_2$ thin films[J]. Materials Lettes, 2007, 61: 2058 - 2061.

[39] Ihlal A, Bouabid K, Soubane D, et al. Comparative study of sputtered and electrodeposited CI(S,Se) and CIGSe thin films[J]. Thin Solid Films, 2007, 15(515): 5852 - 5856.

[40] Fu Z G, Xing Y H. A novel semiconducter CIGS photovaltaic-materiall and thin-film edtechnology[J]. Journal of Semiconductors,2001,22:1357 - 1363.

[41] Song J Y, Li S S, Huang C H, et al. Device modeling and simu-lation of the performance of $Cu(In_{1-x}Ga_x)Se_2$ solar cells[J]. Solid-State Electronics, 2004,48(1):73 - 79.

[42] Hanna G, Jasenek A. Influence of the Ga-content on the bulk defect densities of $Gu(In, Ga)Se_2$ [J]. Thin Solid Films, 2001, 387(1 - 2):71 - 73.

[43] Gllner M B, Birkmire R W, Eser E, et al. Determination of activation barriers for the diffusion of sodium through CIGS thin-film solar cells[J]. Progress in Photovoltaics: Research and Applications, 2003, 11(8): 543 - 548.
[44] Schock H W, Rau U. The role of structural properties and defects for the performance of Cu-chalcopyrite-based thin-film solar cells[J]. Physica B, 2001, 308 - 310: 1081 - 1085.
[45] Zunger A. New insights on chalcopyrites from solid-state theory [J]. Thin Solid Films, 2007, 515(15):6160 - 6162.
[46] Kötschau I M, Schock H W. Depth profile of the lattice constant of the Cu-poor surface layer in $(Cu_2Se)_{1-x}(In_2Se_3)_x$ evidenced by grazing incidence X-ray diffraction[J]. Journal of the Physics and Chemistry of Solids, 2003, 64 (9 - 10): 1559 - 1563.
[47] Canava B, Guillemoles J F, Vigneron J, et al. Chemical elaboration of well defined $Cu(In,Ga)Se_2$ surfaces after aqueous oxidation etching[J]. Journal of the Physics and Chemistry of Solids, 2003, 64 (9 - 10): 1791 - 1796.
[48] Klenk R. Characterisation and modelling of chalcopyrite solar cells[J]. Thin Solid Films, 2001, 387 (1 - 2): 135 - 140.
[49] Kwon S H, Park S C, Ahn B T, et al. Effect of $CuIn_3Se_5$ layer thickness on $CuInSe_2$ thin films and devices[J]. Solar Energy, 1998, 64 (1 - 3): 55 - 60.
[50] Negami T, Kohara N, Nishitani M, et al. Preparation and characterization of $Cu(In_{1-x}Ga_x)_3Se_5$ thin films[J]. Applied Physics Letters, 1995, 67(6), 825 - 827.
[51] Timmo K, Altosaar M, Raudoja J, et al. The effect of sodium doping to $CuInSe_2$ monograin powder properties[J]. Thin Solid Films, 2007, 515(15):5887 - 5890.
[52] AbuShama J A M, Johnston S, Moriarty T, et al. Properties of $ZnO/CdS/CuInSe_2$ solar cells with improved performance[J].

Progress in Photovoltaics: Research and Applications, 2004, 12 (1): 39 -45.

[53] Young D L, Keane J, Duda A, et al. Improved performance in ZnO/CdS/$CuGaSe_2$ thin-film solar cells[J]. Progress in Photovoltaics:Research and Applications, 2003, 11 (8): 535 -541.

[54] Klaer J, Bruns J, Henninger R, et al. Efficient $CuInS_2$ thin-film solar cells prepared by a sequential process[J]. Semicond. Sci. Technol., 1998, 13 (12): 1456 -1458.

[55] Ramanathan K, Contreras M A, Perkins C L, et al. Properties of 19.2 % efficiency ZnO/CdS/$CuInGaSe_2$ thin-film solar cells [J]. Progress in Photovoltaics: Research and Applications, 2003, 11(4): 225 -230.

[56] Contreras M A, Egaas B, Ramanathan K, et al. Progress toward 20% efficiency in Cu(In, Ga)Se_2 polycrystalline thin-film solar cells[J]. Progress in Photovoltaics: Research and Applications, 1999, 7(4), 311 -316.

[57] Negami T, Hashimoto Y, Nishiwaki S. Cu(In,Ga)Se_2 thin -film solar cells with an efficiency of 18%[J]. Solar Energy Materials and Solar Cells, 2001, 67(1 -4): 331 -335.

[58] Hagiwara Y, Nakada T, Kunioka A. Improved J(sc) in CIGS thin film solar cells using a transparent conducting ZnO:B window layer[J]. Solar Energy Materials and Solar Cells, 2001, 67 (1 -4): 267 -271.

[59] Chaisitsak S, Yamada A, Konagai M. Preferred orientation control of $Cu(In_{1-x}Ga_x)Se_2$ ($x \approx 0.28$) thin films and its influence on solar cell characteristics[J]. Japanese Journal of Applied Physics Part 1 - Regular Papers Short Note & Review Papers, 2002,41(2A), 507 -513.

[60] Nakada T, Mizutani M. 18% efficiency Cd-free Cu(In,Ga)Se_2 thin-film solar cells fabricated using chemical bath deposition

(CBD)-ZnS buffer layers[J]. Japanese Journal of Applied Physics, 2002,41:165 - 167.

[61] Zhang S B, Wei S - H, Zunger A. A phenomenological model for systematization and prediction of doping limits in Ⅱ - Ⅵ and Ⅰ - Ⅲ - $Ⅵ_2$ compounds[J]. Journal of Applied Physics, 1998, 83(6): 3192 - 3195.

[62] Turcu M, Pakma O, Rau U. Interdependence of absorber composition and recombination mechanism in $Cu(In,Ga)(Se,S)_2$ heterojunction solar cells[J]. Applied Physics Letters, 2002, 80(14): 2598 - 2601.

[63] Turcu M, Rau U. Fermi level pinning at $CdS/Cu(In,Ga)(Se,S)_2$ interfaces: Effect of chalcopyrite alloy composition[J]. Journal of Physics and Chemistry of Solids, 2003,64(9 - 10):1591 - 1595.

[64] Turcu M, Rau U. Compositional trends of defect energies, band alignments, and recombination mechanisms in the $Cu(In, Ga)(Se, S)_2$ alloy system[J]. Thin Solid Films, 2003, 431 - 432: 158 - 162.

[65] Rau U, Jasenek A, Schock H W, et al. Electronic loss mechanisms in chalcopyrite based heterojunction solar cells[J]. Thin Solid Films, 2000,361 - 362: 298 - 302.

[66] Rau U, Schmidt M, Jasenek A, et al. Electrical characterization of $Cu(In, Ga)Se_2$ thin-film solar cells and the role of defects for the device performance[J]. Solar Energy Materials and Solar Cells, 2001, 67 (1 - 4): 137 - 143.

[67] Shafarman W N, Klenk R, McCandless B E. Device and material characterization of $Cu(In,Ga)Se_2$ solar cells with increasing band gap[J]. Journal of Applied Physics,1996,79(9):7324 - 7328.

[68] Contreras M A, Tuttle J, Gabor A, et al. High efficiency

Cu(In,Ga)Se_2-based solar cells: processing of novel absorber structures. Proceedings of 1994 IEEE 1st World Conference on Photovoltaic Energy conversion – WCPEC (A Joint conference of PVSC, PVSEC and PSEC), Waikoloa, HI, USA, 5 – 9 DEC, 1994[C]. Piscataway, NJ: IEEE, 2002.

[69] Dullweber T, Lundberg O, Malmstrom J, et al. Back surface band gap gradings in Cu(In,Ga)Se_2 solar cells[J]. Thin Solid Films, 2001, 387(1 – 2): 11 – 13.

[70] Lundberg O, Bodegärd M, Malmström J, et al. Influence of the Cu(In,Ga)Se_2 thickness and Ga grading on solar cell performance[J]. Progress in Photovoltaics: Research and Applications, 2003, 11 (2): 77 – 88.

[71] Kerra L L, Sheng S, Li B. Investgation of defect properties in Gu(In,Ga)Se_2 solar cells by deep-level transient spectroscopy [J]. Solid-State Electronics, 2004, 48: 1579 – 1586.

[72] Braunger D, Hariskos D, Bilger G, et al. Influence of sodium on the growth of polycrystalline Gu(In,Ga)Se_2 thin-film[J]. Thin Solid Films, 2000, 361: 161 – 166.

[73] Hedstrom J, Ohlsen H, Bodegard M, et al. ZnO/CdS/Cu(In,Ga)Se_2 thin film solar cells with improved performance. Conference Record of the Twenty Third IEEE Photovoltaic Specialists Conference, Louisville, KY, USA, 10 – 14 May, 1993 [C]. Piscataway, NJ: IEEE, 2002.

[74] Stolt L, Hedström J, Kessler J, et al. ZnO/CdS/$CuInSe_2$ thin-film solar cells with improved performance[J]. Applied Physics Letters. Lett., 1993, 62 (6): 597 – 599.

[75] Granath K, Bodegard M, Stolt L. The effect of NaF on Cu(In,Ga)Se_2 thin film solar cells[J]. Solar Energy Materials and Solar Cells, 2000, 60(3): 279 – 293.

[76] Bodegbrd M, Granath K, Stolt L. Growth of Cu(In,Ga)Se_2 thin

films by coevaporation using alkaline precursors[J]. Thin Solid Films, 2000, 361-362: 9-16.
[77] Rudmann D, Bilger G, Kaelin M, et al. Effects of NaF coevaporation on structural properties of Cu(In, Ga)Se_2 thin films[J]. Thin Solid Films, 2003, 431-432: 37-40.
[78] Lammer M, Klemm U, Powalla M. Sodium co-evaporation for low temperature Cu(In, Ga)Se_2 deposition[J]. Thin Solid Films, 2001, 387 (1-2): 33-36.
[79] Contreras M A, Egaas B, Dippo P, et al. On the role of Na and modifications to Cu (In, Ga) Se_2 absorber materials using thin-MF (M = Na, K, Cs) precursor layers [solar cells]. Conference Record of the Twenty Sixth IEEE Photovoltaic Specialists Conference, Anaheim, CA, USA, 29 Sept - 3 Oct, 1997[C]. Piscataway, NJ: IEEE, 2002.
[80] Keyes B M, Hasoon F, Dippo P, et al. Influence of Na on the electro-optical properties of Cu(In, Ga)Se_2. Conference Record of the Twenty Sixth IEEE Photovoltaic Specialists Conference, Anaheim, CA, USA, 29 Sept - 3 Oct, 1997[C]. Piscataway, NJ: IEEE, 2002.
[81] Nakada T, Iga D, Ohbo H, et al. Effects of sodium on Cu(In, Ga)Se_2-based thin films and solar cells[J]. Japanese Journal of Applied Physics, 1997, 36(2): 732-737.
[82] Granata J E, Sites J R, Asher S, et al, Quantitative incorporation of sodium in $CuInSe_2$ and Cu(In, Ga)Se_2 photovoltaic devices. Conference Record of the Twenty Sixth IEEE Photovoltaic Specialists Conference, Anaheim, CA, USA, 29 Sept - 3 Oct, 1997[C]. Piscataway, NJ: IEEE, 2002.
[83] Hanna G, Mattheis J, Laptev V, et al. Influence of the selenium flux on the growth of Cu(In, Ga)Se_2 thin films[J]. Thin Solid Films, 2003, 431-432: 31-36.

[84] Wada T, Kohara N, Nishiwaki S, et al. Characterization of the Cu(In,Ga)Se_2/Mo interface in CIGS solar cells[J]. Thin Solid Films, 2001, 387(1): 118 - 122.

[85] Braunger D, Hariskos D, Bilger G, et al. Influence of sodium on the growth of polycrystalline Cu(In,Ga)Se_2 thin films[J]. Thin Solid Films, 2000, 361 - 362: 161 - 166.

[86] Heske C, Eich D, Fink R, et al. Localization of Na impurities at the buried CdS/Cul(In,Ga)Se_2 heterojunction[J]. Applied Physics Letters, 1999, 75(14): 2082 - 2084.

[87] Rau U, Schock H W. Electronic properties of Cu(In,Ga)Se_2 heterojunction solar cells-recent achievements, current understanding, and future challenges[J]. Applied Physics A: Materials Science and Processing, 1999, 69(2): 131 - 147.

[88] Niles D W, Ramanathan K, Hasoon F, et al. Na impurity chemistry in photovoltaic CIGS thin films: Investigation with X-ray photoelectron spectroscopy[J]. Journal of Vacuum Science & Technology, 1997, 15(6): 3044 - 3049.

[89] Rockett A, Britt J S, Gillespie T, et al. Na in selenized Cu(In,Ga)Se_2 on Na-containing and Na-free glasses: Distribution, grain structure, and device performances[J]. Thin Solid Films, 2000,372(1): 212 - 217.

[90] Kimura R, Nakada T, Fons P, et al. Photoluminescence properties of sodium incorporation in $CuInSe_2$, and $CuIn_3Se_5$ thin films [J]. Solar Energy Materials and Solar Cells, 2001, 67(1): 289 - 295.

[91] Wei S - H, Zhang S B, Zunger A. Effects of Na on the electrical and structural properties of $CuInSe_2$[J]. J. Appl. Phys, 1999, 85 (10): 7214 - 7218.

[92] Rockett A, Granath K, Asher S, et al. Na incorporation in Mo and $CuInSe_2$ from production processes[J]. Solar Energy Materi-

als and Solar Cells, 1999, 59(3): 255 - 264.
[93] Ruckh M, Scmid D, Kaiser M, et al. Influence of substrates on the electrical properties of Cu(In,Ga)Se_2 thin films. Proceedings of 1994 IEEE 1st World Conference on Photovoltaic Energy conversion - WCPEC (A Joint conference of PVSC, PVSEC and PSEC), Waikoloa, HI, USA, 5 - 9 DEC,1994[C]. Piscataway, NJ:IEEE,2002.
[94] Gerhardinger P F, Mcurdy R J. Float line deposited transparent conductors-implications for the PV industry[J]. Materials Research Society,1996,426:399 - 410.
[95] Sanderson K D, Mills A, Parkin L, et al. The use of titanium dioxide coatings deposited by APCVD on glass substrates to provide dual action and self cleaning. 46th Annual Society of Vacuum Coaters Technical Conference, University of Strathclyde,3 - 8 May, 2003 [C]. Glasgow, University of Strathclyde Press, 2003.
[96] Wardj S, Ramanathan K, Hasoonf S, et al. A 21.5% efficient Cu(In,Ga)Se_2 thin-film concentrator solar cells[J]. Progress in Photovoltacis: Research and Applications, 2002, 10(1):41 - 46.
[97] Kushiya K. Progress in large-area Cu (In, Ga) Se_2-based thin-film modules with the efficiency of over 13%. Proceedings of 3rd World Conference on Photovoltaic Energy Conversion, Osaka, Japan, 11 - 18 May, 2003 [C]. Piscataway, NJ: IEEE,2004.
[98] Ramanathan K, Contreras M A, Perkins C L, et al. Properties of 19.2% efficiency ZnO/CdS/CuInGaSe_2 thin-film solar cells[J]. Progress in Photovoltaics: Research and Applications, 2010, 11 (4):225 - 230.
[99] Bhattacharya R N. Solution growth and electrodeposited CuInSe_2

thin films[J]. Journal of the Electrochemical Society,1983,130(10):2040 - 2042.

[100] 涂洁磊,刘祖明,廖华, 等. 三源真空蒸发 $CuInSe_2$ 薄膜的性能[J]. 半导体光电,1998,19(2):123 - 127.

[101] Senthil K,Nataraj D. Conduction studies on copper indium diselenide thin films[J]. Materials Chemistry and Physics,1999,58(3):221 - 226.

[102] Astaneda C, Rueda F. Differences in copper indium selenide films obtained by electron beam and flash evaporation[J]. Thin Solid Films,2000,361 - 362:145 - 149.

[103] Katsui A, Iwata T. In-situ observation of $CuInSe_2$ formation process using high-temperature X-ray diffraction analysis[J]. Thin Solid Films,1999,347(1 - 2):151 - 154.

[104] Zweigart S,Schmid D,Kessler J. Studies of the growth mechanism of polycrystalline $CuInSe_2$ thin films prepared by a sequential process[J]. Journal of Crystal Growth,1995,146(1 - 4): 233 - 238.

[105] 田民波,刘德令. 薄膜科学与技术手册[M]. 北京:机械工业出版社,1991.

[106] Piekoszenski J,Loferski J,Beau R. Optical properties in fundamental absorption region of sprayed $CuInSe_2$ thin films[J]. Solar Energy Materials,1980,2:363 - 375.

[107] Song H K,Kim S G,Kim H J,et al. Preparation of CIGS thin films by sputtering and selenization process[J]. Solar Energy Materials and Solar Cells,2003,75(1):145 - 153.

[108] Guimard D, Bodereau N, Kurdi J, et al. Efficient $Gu(In,Ga)Se_2$ based solar cells prepared by electrodeposition. 2003 Materials Research Society, San Francisco USA,2003[C].

[109] Bhattacharya R N, Hiltner J F, Batchelor W, et al. 15.4% $Cu(In_{1-x}Ga_x)Se_2$ based photovoltaic cells from solution-based

precursor films[J]. Thin Solid Films, 2000,361 -362: 396 -399.

[110] Kapur V K, Basol B M, Tseng E S, et al. Low-cost methods for the production of semiconductor-films for $GuInSe_2$/CdS solar cells[J]. Solar Cells, 1987, 21: 65 -72.

[111] Kampmann A, Rechid J, Raitzig A, et al. Electrodeposition of CIGS on metal substrates[C]. Symposium on Compound Semiconductor Photovoltaics held at the MRS Spring Meeting, SAN FRANCISCO, USA: 2003.

[112] 周学东，赵修建，夏冬林，等. 电沉积制备 $CuInSe_2$ 薄膜及性能研究[J]. 武汉理工大学学报,2005,27(7): 4 -6.

[113] Guillen C, Herreo J. Effects of thermal and chemical treatments on the composition and structure of electrodeposited $CuInSe_2$ thin films[J]. Journal of the Electrochemical Society, 1994, 141: 225 -230.

[114] Thouin L, Vedel J. Electrodeposition and characterization of $CuInSe_2$ thin films[J]. Journal of the Electrochemical Society, 1995,142:2996 -3000.

[115] Bhattacharya R N, Fernandez A M. $CuInGaSe_2$ based photovoltaic cells from electrodeposited precursor films[C]. Photovoltaic Materials, Proceedings Mat Res Symp 668,2001.

[116] Bhattacharya R N, Fernandez A M. $CuIn_{1-x}Ga_xSe_2$-based photovoltaic cells from electrodeposited precursor films[J]. Solar Energy Mater and Solar Cells, 2003, 6: 331 -337.

[117] Altosaar M, Danilson M, Kauk M, et al. Further developments in CIS monograin layer solar cells technology[J]. Solar Energy Materials & Solar Cells, 2005,87(1): 25 -32.

[118] 杨洪兴，郑广富，文卓豪，等. 太阳能电池新材料新方法[J]. 太阳能学报, 2002,23(3):301 -308.

[119] Friedfeld R, Rafaelle R, Mantovani G. Electrodeposition of

$CuIn_xGa_{1-x}Se_2$ thin films[J]. Solar Energy Mater and Solar Cells, 1999, 58: 3375 - 3385.

[120] 陈鸣波,邓熏南. 电沉积 $CuInSe_2$ 薄膜的热处理研究[J]. 应用化学,1996,11(1):102 - 104.

[121] Kapur V K, Bansal Ale, P Omar. Non-vacuum processing of $CuIn_{1-x}Ga_xSe_2$ solar cells on rigid and flexible substrates using nanoparticle precursor inks[J]. Thin Solid Films, 2003, 431: 53 - 57.

[122] Eberspacher C, Pauls K, Serra J P. Non-vacuum thin-film CIGS modules[C]. Symposium on Compound Semiconductor Photovoltaics held at the MRS Spring Meeting, SAN FRANCISCO, USA:2003.

[123] Gombia E, Leccabue F, Peloi C, et al. Vapour growth, thermodynamically study and characterization of $CuInSe_2$ and $CuGaTe_2$ single crystals[J]. Crystal Growth,1983,65(1 - 3):391 - 396.

[124] Basol B M. Low cost techniques for the preparation of $Cu(In,Ga)(Se,S)_2$ absorber layers[J]. Thin Solid Films, 2000, 361 - 362: 514 - 519.

[125] Kaelin M, Rudamann D, Kurdesau F, et al. Low-cost CIGS solar cells by paste coating and selenization[J]. Thin Solid Films, 2005,480 - 481:486 - 490.

[126] Kapour V K, Bansal A, Le P, et al. Non-vacuum processing of CIGS solar cells on flexible polymeric substrates[C]. Proceedings of the 3rd WCPEC. Osaka, Japan:2003: 465 - 468.

[127] Bauhuis G J, Mulder P, Schermer J J, et al. High efficiency thin film GaAs solar cells with improved radiation hardness [C]. 20th European Photovoltaic Solar Energy Conference, Barcelona, June, 2005:468 - 471.

[128] Kazmerski L L, Ayyagari M S, Juang J Y, et al. Growth and characterization of thin film compound semiconductor photovol-

taic heterojunctions[J]. Journal of Vacuum Science and Technology, 1977, 14(1): 65 - 68.

[129] Grindle S P, Smith C W, Mittleman S D, et al. Preparation and properties of $CuInS_2$ thin films produced by exposing sputtered Cu - In films to an H_2S atmosphere[J]. Applied Physics Letters, 1979, 35(1): 24 - 26.

[130] Hodes G, Engelhard T, Herrington C R, et al. Electrodeposited layers of $CuInS_2$, $CuIn_5S_8$ and $CuInSe_2$ [J]. Progress in Crystal Growth and Characterization. 1984, 10: 345 - 351.

[131] Klenk R, Klaer J, Scheer R, et al. Solar cells based on $CuInS_2$: An overview[J]. Thin Solid Films, 2005, 480 - 481 (1): 509 - 514.

[132] Binsma J J M, Giling L J, Bloem J J. Phase relations in the system Cu_2S - In_2S_3[J]. Journal of Crystal Growth, 1980, 50 (2): 429 - 436.

[133] Winkler M, Griesche J, Konovalov I, et al. CIS CuT-solar cells and modules on the basis of $CuInS_2$ on Cu-tape [J]. Solar Energy, 2004, 77(6): 705 - 716.

[134] Scheer R, Diesner K, Lewerenz H J. Experiments on the microstructure of evaporated $CuInS_2$ thin films [J]. Thin Solid Films, 1995, 268(1 - 2): 130 - 136.

[135] Chen S, Gong X G, Walsh A, et al. Crystal and electronic band structure of Cu_2ZnSnX_4 (X = S and Se) photovoltaic absorbers: First-principles insights [J]. Applied Physics Letters, 2009, 94(4): 41903 - 41905.

[136] Ito K, Nakazawa T. Electrical and optical properties of stannite-type quaternary semiconductor thin films [J]. Japanese Journal of Applied Physics, 1988, 27: 2094 - 2097.

[137] Shockley W, Queisser H J. Detaied balance limit of efficiency of PN junction solar cells[J]. J. Appl. Phys. 1961, 32: 510 - 519.

[138] Nitsche R, Sargent D F, Wild P. Crystal growth of quaternary Cu_2ZnSnS_4 Chalcogenides by iodine vapor transport [J]. Cryst Growth, 1967,1(1):52 -53.

[139] Katagiri H, Sasaguchi N, Hando S, Hoshino S, Preparation and evaluation of Cu_2InSnS_4 thin films by sulfurization of E - B evaporated precursors[J]. Solar Energy Materials Solar Cells, 1997,49(1 -4):207 -414.

[140] Wang K, Gunawan O, Todorov T, et al. Thermally evaporated Cu_2ZnSnS_4 solar cells[J]. Applied Physics Letters, 2010, 97 (14): 1435081 - 1435083.

[141] Todorov T K, Tang J, Bag S, et al. Beyond 11% efficiency: characteristics of state-of-the-art $Cu_2ZnSn(S,Se)_4$ solar cells [J]. Advanced Energy Materials, 2013, 3(1).

[142] Bernardini G P, Borrini D, Caneschi A, et al. EPR and SQUID magnetometry study of Cu_2FeSnS_4 (stannite) and Cu_2ZnSnS_4(kesterite)[J]. Physics and Chemistry of Minerals, 2000, 27(1): 453 -461.

[143] Shin S W, Han J H, Park C Y, et al. Quaternary Cu_2ZnSnS_4 nanocrystals: Facile and low cost synthesis by microwave-assisted solution method [J]. Journal of Alloys and Compounds, 2012, 516:96 - 101.

[144] Green M A. Third generation photovoltaics: Ultra-high conversion efficiency at low cost[J]. Progress in Photovoltaics: Research and Applications, 2001, 9(2): 123 -135.

[145] 马志华,薛春来,左玉华. 杂质带太阳能电池研究 [J]. 中国集成电路,2010(1):22 -26.

[146] Luque A, Martí A. Increasing the efficiency of ideal solar cells by photon induced transitions at intermediate levels[J]. Physical Review Letters, 1997, 78(26):5014 -5017.

[147] Martí A, Cuadra L, Luque A. Quantum dot intermediate band

solar cell[C]. 28th IEEE Photovoltaic Specialists Conference, ANCHRAGE, AK:2000.

[148] Shan W, Walukiewicz W, Ager J W, et al. Band anticrossing in GaInNAs alloys [J]. Physical Review Letters,1999,82(6): 1221 - 1224.

[149] Martí A, Antoíln E, Linares P G, et al. Understanding experimental characterization of intermediate band solar cells [J]. Journal of Materials Chemistry,2012,22(43):22832 - 22839.

[150] Li J M, Chong M, Zhu J. 35% efficient nonconcentration novel silicon solar cell[J]. Applied Physics Letters,1992,60:2240 - 2242.

[151] Shockley W, Queisser H J. Detailed balance limit of efficiency of p - n junction solar cells[J]. J. Appl. Phys. ,1961,32: 510 - 519.

[152] Palacios P, Wahnón P, Tablero C. Ab initio Phonon dispersion calculations for Ti_x GanAsm and Ti_x GanPrn compounds [J]. Computational Material Science, 2005, 33 (1-3): 118 - 124.

[153] Wang W M, Lin A S, Phillips J D. Intermediate-band photovoltaic solar cell based on ZnTe:O[J]. Applied Physics Letters, 2009,95(1): 3.

[154] Mott N F. Metal-insulator transition [J]. Reviews of Modern Physics, 1968,40(4): 677.

[155] Cuadra L, Mart A, Luque A. Present status of intermediate band solar cell research[J]. Thin Solid Films, 2004,451 - 452: 593 - 599.

[156] Wolf M. Limitations and possibilities for improvement of photovoltaic solar energy converters[J]. Proceedings of The IRE, 1960, 48: 1246 - 1263.

[157] Marti A, Cuadra L, Luque A. Quantum dot intermediate band solar cell [C]. Proceedings of the 28th IEEE Photovoltaics Spe-

cialists Conference, Anchorage, Alaska, 2000, (12): 940 - 943.

[158] 高鹏，薛超，王立功，等. 量子点中间带太阳电池 [J]. 电源技术, 2015(8): 1786 - 1789.

[159] 齐臣杰，王芩，王宏伟，等. 中间带太阳电池进展 [J]. 微纳电子技术. 2012(7): 444 - 448.

[160] Walukiewic Z W, Shan W, Yu K W, et al. Interaction of localized electronic states with the conduction band: Band anticrossing in Ⅱ - Ⅵ semiconductor ternaries [J]. Physical Review letters, 2003, 85(7): 1552 - 1555.

[161] Yu K M, Walukiewicz W, Wu J, et al. Diluted Ⅱ - Ⅵ oxide semiconductor with multiple band gaps [J]. Physical Review Letters, 2003, 91(24): 1 - 4.

[162] Wang W, Lin A S, Phillips J D, et al. Generation and recombination rates at ZnTe: O intermediate band states [J]. Applied Physics Letters, 2009, 95(26): 61107.

[163] Tanaka T, Saba S, Chinaga T, et al. Molecular beam epitaxial growth and optical properties of highly mismatched $ZnTei_{1-x}O_x$ alloys [J]. Applied Physics Letters, 2012, 100 (1): 5014.

[164] Kuang Y J, Yu K M, Kudrawiec R, et al. GaNAsP: An intermediate band semiconductor grown by gas - source molecular beam epitaxy [J]. Applied Physics Letters, 2013, 102 (11): 112105.

[165] Yu K M, Samey W L, Novikov S V, et al. Highly mismatched N-rich $GaNi_{1-x}Sb_x$ films grown by low temperature molecular beam epitaxy [J]. Applied Physics Letters, 2013, 102 (10): 102104.

[166] Tanaka T, Nagao Y, Mochinaga T, et al. Molecular beam epitaxial growth of ZnCdTeO epilayers for intermediate band solar cells [J]. Journal of Crystal Growth, 2013, 378 (9): 259 - 262.

[167] Patra N C, Bharatan S, Li J, et al. Molecular beam epitaxial growth and characterization of In $Sb_{1-x}N_x$ on GaAs for long wave length infrared applications[J]. Journal of Applied Physics, 2012, 111 (8): 083104.

[168] Zhou Z H, Wang Y Y, Xu D, et al. Fabrication of Cu_2ZnSnS_4 screen printed layers for solar cells[J]. Solar Energy Materials and Solar cell, 2010,94(12):2042 -2045.

[169] Palaeios P, Sànehez S, Conesa J C, et al. First principles calculation of isolated intermediate bands for mation in a transition metal-doped chalcopyrite-type semiconductor[J]. Physica Status Solidi(a)-Applications and Materials Science, 2006, 203 (6): 1395 -1401.

[170] Sheu H H, Hsu Y T, Jian S Y, et al. The effect of Cu concentration in the photovoltaic efficiency of CIGS solar cells prepared by co-evaporation technique[J]. Vacuum, 2016, 131: 278 -284.

[171] Zhou D, Zhu H, Liang X, et al. Sputtered molybdenum thin films and the application in CIGS solar cells[J]. Applied Surface Science, 2015, 362:202 -209.

[172] Palacios P, Sánchez K, Conesa J C, et al. Theoretical modelling of intermediate band solar cell materials based on metal-doped chalcopyrite compounds[J]. Thin Solid Films, 2007, 515(15):6280 -6284.

[173] Palacios P, Sánchez K, WahnoóN P, et al. Characterization by Ab initio calculations of an intermediate band material based on chalcopyrite semiconductors substituted by several transition metals[J]. Journal of Solar Energy Engineering, 2007, 129 (3):314 -318.

[174] Aguilera I, Palacios P, Wahnón P. Optical properties of chalcopyrite-type intermediate transition metal band materials from

first principles[J]. Thin Solid Films, 2008, 516(20):7055 - 7059.

[175] Palacios P, Aguilera I, Wahnón P. Ab-initio vibrational properties of transition metal chalcopyrite alloys determined as high-efficiency intermediate-band photovoltaic materials [J]. Thin Solid Films, 2008, 516(20):7070 - 7074.

[176] Li K, Luo Y, Yu Z, et al. Low temperature fabrication of efficient porous carbon counter electrode for dye-sensitized solar cells[J]. Electrochemistry Communications, 2009, 11(7): 1346 - 1349.

[177] Wang Y, Gong H. Cu_2ZnSnS_4 synthesized through a green and economic process[J]. Journal of Alloys & Compounds, 2011, 509(40):9627 - 9630.

[178] Munkhbayar B, Nine M J, Jeoun J, et al. Synthesis of a graphene-tungsten composite with improved dispersibility of graphene in an ethanol solution and its use asa counter electrode for dye-sensitised solar cells[J]. Journal of Power Sources, 2013, 230(10):207 - 217.

[179] Palacios P, Aguilera I, Wahnón P, et al. Thermodynamics of the Formation of Ti-and Cr-doped $CuGaS_2$ Intermediate-band Photovoltaic Materials[J]. Journal of Physical Chemistry C, 2008, 112(25):9525 - 9529.

[180] Tablero C, Marrón D F. Analysis of the electronic structure of modified $CuGaS_2$ with selected substitutional impurities: Prospects for intermediate-band thin-film solar cells based on Cu-containing chalcopyrites[J]. The Journal of Physical Chemistry C, 2015, 114(6):2756 - 2763.

[181] 程敬泉,姚素薇. 超声波在电化学中的应用[J]. 电镀与精饰,2005,27(1):16 - 19.

[182] 林书玉. 功率超声技术的研究现状及其最新进展[J]. 陕西

师范大学学报(自然科学版), 2001, 29(1): 103.
[183] 姜立萍,张剑荣,王骏, 等. 超声电化学制备 PbSe 纳米枝晶[J]. 无机化学学报,2002,18(11): 1161 - 1164.
[184] 李廷盛,尹其光. 超声化学[M]. 北京:科学出版社,1995.
[185] 张成孝. 超声电化学及其研究进展[J]. 陕西师范大学学报(自然科学版),2001, 29(2): 103 - 109.
[186] 安茂忠. 电镀理论与技术[M]. 哈尔滨:哈尔滨工业大学出版社,2004.
[187] 屠振密. 电镀合金原理与工艺[M]. 北京:国防工业出版社,1993.
[188] 方景礼. 电镀添加剂理论与应用[M]. 北京:国防工业出版社,2006.
[189] 方景礼. 多元络合物电镀[M]. 北京:国防工业出版社,1983.
[190] 伊赫桑·巴伦. 纯物质热化学数据手册[M]. 程乃良, 牛四通, 徐桂英,等译. 北京:科学出版社, 2003.
[191] 曹松, 黄松涛, 储茂友, 等. Cu - In 体系的热力学优化[J]. 稀有金属, 2007, 31(6): 807 - 812.
[192] Cayzac R, Boulc'h F, Bendahan M, et al. Preparation and optical absorption of electrodeposited or sputtered dense or porous nanocrystalline $CuInS_2$ thin films [J]. Comptes Rendus Chimie, 2008, 11(9): 1016 - 1022.
[193] Seeger S, Ellmer K. Reactive magnetron sputtering of $CuInS_2$ absorbers for thin film solar cells: Problems and prospects[J]. Thin Solid Films, 2009, 517(10): 3143 - 3147.
[194] Scheer R, Luck I, Kanis M, et al. Incorporation of the doping elements Sn, N, and P in $CuInS_2$ thin films prepared by co-evaporation[J]. Thin Solid Films, 2001, 392(1): 1 - 10.
[195] John T T, Sebastian T, Kartha C S, et al. Effects of incorporation of Na in spray pyrolysed $CuInS_2$ thin films[J]. Physica B: Condensed Matter, 2007, 338(1 - 2): 1 - 9.

[196] Todorov T, Cordoncillo E, Sa'nchez-Royo J F, et al. $CuInS_2$ films for photovoltaic applications deposited by a low-cost method[J]. Chem. Mater., 2006,18(13):3145 - 3150.

[197] Hou X H, Choy K - L. Synthesis and characteristics of $CuInS_2$ films for photovoltaic application[J]. Thin Solid Films, 2005, 480 - 481: 13 - 18.

[198] Kunihiko T, Masatoshi O, Noriko M, et al. Cu_2ZnSnS_4 thin film solar cells prepared by non-vacuum processing[J]. Solar Energy Materials and Solar Cells,2009, 93: 583.

[199] Pawar S M, Moholkar A V, Kim I K, et al. Effect of laser incident energy on the structural, morphological and optical properties of Cu_2ZnSnS_4 thin films[J]. Current Applied Physics, 2010,10(2):565 - 569.

[200] Kameyama T, Osaki K T, Okazaki K T, et al. Preparation and photo electrochemical properties of densely immobilized Cu_2ZnSnS_4 nanoparticle films [J]. Journal of Materials Chemistry,2010,20(25):5319 - 5324.

[201] Zhou Y, Zhou W, Li M, et al. Hierarchical Cu_2ZnSnS_4 particles for low cost solar cell: Morphology control and growth mechanism [J]. The Journal of Physical Chemistry C, 2011, 115(40):19632 - 19639.

[202] Araki H, Kubo Y, Jimbo K, et al. Preparation of Cu_2ZnSnS_4 thin films by sulfurization of co-electroplated Cu - Zn - Sn precursors[J]. Physica Status Solid, 2009,6(5): 1266 - 1268.

[203] Kamoun N, Bouzouita H, Rezig B. Fabrication and characterization of Cu_2ZnSnS_4 thin films deposited by spray pyrolysis technique[J]. Thin Solid Films,2007,515(15):5949 - 5952.